国家级实验教学示范中心系列规划教材
普通高等院校机械类"十三五"规划实验教材

机械认知实习教程

主编　吴新丽　夏旭东　马善红

华中科技大学出版社
中国·武汉

内 容 简 介

机械认知实习是普通高等院校机械类专业有效地开展工程认知教育的重要组成部分,对贯彻落实"以学生为中心,学生学习与发展成效驱动"的教育教学理念,突出"强实践,严过程,求创新"的人才培养模式有着重要作用。机械认知实习使学生能够接触工程实际,了解最新信息技术对机械学科的促进作用,增强工程意识,将来更好地服务社会。本书内容主要包括典型机械设备、加工工艺和装备及虚拟仿真等三大方面的认知实验。

本书可作为高等工科院校机械类、近机类及其他专业工程教育认知课程的教材,也可作为相关人员进行教学、科研及实际工作的参考书。

图书在版编目(CIP)数据

机械认知实习教程/吴新丽,夏旭东,马善红主编.—武汉:华中科技大学出版社,2020.11
ISBN 978-7-5680-6726-3

Ⅰ.①机… Ⅱ.①吴… ②夏… ③马… Ⅲ.①机械工程-实习-高等学校-教材 Ⅳ.①TH

中国版本图书馆 CIP 数据核字(2020)第 213784 号

机械认知实习教程　　　　　　　　　　　　　　　　　吴新丽　夏旭东　马善红　主编
Jixie Renzhi Shixi Jiaocheng

策划编辑:万亚军
责任编辑:罗　雪
封面设计:原色设计
责任监印:周治超
出版发行:华中科技大学出版社(中国·武汉)　　　电话:(027)81321913
　　　　　武汉市东湖新技术开发区华工科技园　　　邮编:430223
录　　排:武汉市洪山区佳年华文印部
印　　刷:武汉市籍缘印刷厂
开　　本:787mm×1092mm　1/16
印　　张:9.25
字　　数:238千字
版　　次:2020 年 11 月第 1 版第 1 次印刷
定　　价:29.80 元

国家级实验教学示范中心系列规划教材
普通高等院校机械类"十三五"规划实验教材
编　委　会

丛书主编　吴昌林　华中科技大学

丛书编委（按姓氏拼音顺序排列）

前　　言

当今人类的生产与生活都与工程技术密切相关,同时工程活动的社会属性与经济、文化、法律、生态等的联系越来越紧密。工程技术与社会经济迅速发展,二者相互促进、相互渗透,交叉化和整体化的特征越来越明显。工程技术类人才能否适应社会经济发展的需要,更好地为提高国家的综合国力和国际竞争力服务,关键就在于他们的综合素质如何,包括能否综合经济、社会及工程技术等诸多方面的因素,来解决社会经济发展中的实际问题。

时代的发展需要工程技术类大学生除了具有丰富的专业知识、高度的社会责任感和人文涵养外,还必须具有广泛的工程技术知识和良好的素养,这样才有更强的适应性和创造性,从容面对并促进社会发展。这就迫切需要工程技术类专业教育重视培养学生的工程意识、工程兴趣、工程适应力和工程创新意识。

为了有效地开展机械类学生的工程认知教育,促进教育改革,我们编写了本书。希望本书在推动工程素质教育过程中能够起到积极作用,使学生能够接触工程实际,了解最新信息技术对机械学科的促进作用,增强工程意识,将来更好地服务社会;同时,使学生掌握工程技术领域的一些基本知识,具备一定的观察能力和动手能力,开阔视野,拓宽知识面,提高工程认知能力,为走上社会进行必要的能力和知识储备;也利于学生今后从多角度考虑专业问题,在解决专业问题时具有创新思维,真正成为时代需要的专业人才。

全书力求内容简洁,重点突出,覆盖面广,选材灵活。以机械类学生培养目标为依据,结合我校国家级机械基础实验教学示范中心多年的教学经验,按认知规律构建典型机械设备认知、加工工艺和装备认知及虚拟仿真实验认知这三个层次的教学体系。按照"大工程"的系统性、整体性原则,以设计、制造加工,行业及其典型设备,虚拟仿真实验这三条主线组织模块化内容体系,每个模块的实验项目可独立进行。

本书可作为高等院校机械类学生工程教育认知课程教材,也可以作为非工程类大学生的工程素质教育教学参考书。

吴新丽、夏旭东、马善红担任本书主编,并负责整理统稿。全书具体编写分工如下:第1章和第7章由吴新丽编写,第2章和第3章由夏旭东编写,第4章由马善红编写,第5章由陈明编写,第6章6.1、6.2、6.3节由谢剑云编写,6.4节由娄海峰编写。书中借鉴了大量的教学和科研成果,部分已在参考文献中列出,但由于篇幅有限,部分未列出,在此向提供者表示衷心的感谢。

本书在编写过程中,也得到了学校领导和同行的大力支持,在此表示深切的感谢。在出版过程中,华中科技大学出版社的领导和编辑给予了大力支持,编者在此向他们表示真挚的感谢。

由于编者经验不足,编写水平有限,书中不免有疏漏之处,恳请广大读者批评指正。

编 者

2020 年夏于杭州下沙

目　录

第1章

绪　　论

1.1　概　　述

现代社会的发展已经对大学生的成才提出了更高的期望,大学生需要的各类知识比过去范围更宽、集成度更高,大学生需要具备的实践能力、创新意识和创新能力更强。多年的实践教学经验表明,大学新生对机械及机械工程缺乏基本的感性认识,对各种方兴未艾的先进设计与制造技术,以及由它们带来的机械工程领域的革命性变革缺乏直观的了解。因此,高等学校的工程教育必须注重加强对工程技术类学生工程意识和工程素质的培养,使学生能够真正成为现代社会主义建设需要的专业人才。

目前,大学毕业生在工程技术方面的实践经验总的来说还比较匮乏,如对于机器不知其有哪些基本组成;更缺少亲身的体验,对平时常见的实物及其工作原理说不出所以然,如对布是怎么织出来的、车子是如何动起来的,都缺乏感性了解,很多概念与实物对不上号。究其原因主要不外乎两个。一是现在的大学生经历比较简单,都是从"校门"到"校门",对现代工程实践大多无感性经验,教师上课时拿工程背景的实例说明也很难,学生也不容易接受。二是工程技术类专业在低年级阶段未安排有效的工程技术教育,有的学校虽开设了工程导论课,但未很好地与实践性环节结合起来,教学效果不明显;有的学校虽安排了生产认识实习等实践性环节,但因人数多、教学时间短及现代机电设备的封装性好,实习变成了参观,可以说等同于"门外汉看热闹",其效果较差,因此学生对这样的实践性环节没有兴趣,实习结果就是学生也不能获得相关工程经验。要改变这种状态,就迫切需要开设一门针对工程技术类专业的,受学生欢迎的,对提高学生工程素质实效明显的课程。

在多年的实践教学经验中,我们认为应对大学生开展机械及与机械工程相关的认知教育,并将这一认知教育融入独立的课程设置与相关配套教材的编写中。通过这几年不断的经验累积与积极探索,我们更加深刻地认识到,只有通过感性、直观的机械认知实践,才能真正提高学生对工程知识的构建和学习兴趣。

本课程的开设可以为工程技术类专业的学生提高工程素质起到重要的作用。

首先,可以使学生了解工程技术在经济社会发展中的重要地位,懂得要学好专业课必须理论联系实际,联系工程技术,增强工程意识。所有的现代产业都离不开机械装备、仪器仪表、计算机控制系统等,它们直接关系到劳动生产率和国民经济现代化的程度,如机械工业、纺织服装业与我们的生活息息相关,而服装生产涉及纺织机械和印染机械,粮食生产涉及农业播种和收割机械,楼房建造涉及工程机械和建筑机械,等等。认知机械和工程技术的现状与发展趋势,了解其与我们生活的关系,与所学专业的密切联系,可以激发学生的学习动力,打好必要的工程技术基础。

其次,可以使学生掌握工程技术领域的一些基本知识。对工程技术类专业新生而言,机械设备和装置有一种神秘感:小时候就会骑的自行车,运动的原理是什么? 汽车的发动机是如何转起来的? 通过课程学习,学生可以在总体上对机械组成和与其工作原理相关的基本概念、常用机构、常用控制器件、机械加工过程,以及一些产品的生产过程有大致的了解。

再次,本书融入了相关机械类的虚拟仿真实验。虚拟仿真实验教学是高等教育信息化建设和实验教学示范中心建设的重要内容,是学科专业与信息技术深度融合的产物。它突出解决了"看不见、进不去、难再现、高污染、高成本、多危险、无条件"等实训教学难题,依靠数字虚拟仿真技术,将实验活动再现,使学习者如同身临其境,实现非接触性实验能力获得。

最后,可以提高学生的实际观察能力和动手能力。进入相关的认知实验室,学生对常用的标准件、典型零件、常用机构、常用传动装置、常用动力机和控制元器件等、工夹具和加工设备,以及行业机械进行仔细的观察(包括静态和动态)、研究思考和动手操作;或辅以教师的演示、多媒体教学等手段,使学生弄清楚支撑连接这些机件的结构和基本工作原理。因为这主要基于实物教学及学生的亲身体验,所以学生对教学结果印象深刻,容易建立感性认识,即容易在头脑中形成实物模型,建立相关的、表层的系统性概念,勾勒出机械的全貌。

1.2 实验教学体系和内容

认知实验教学体系建立的依据:一是工程技术的基本知识范畴,二是工程技术类专业的培养目标要求。根据两者兼顾的原则,我们构建的认知实验教学体系有三个模块,即典型机械设备认知、加工工艺和装备认知及虚拟仿真实验认知,如图1-1所示。

这一认知实验教学体系,一方面突出认知领域的广度,从零件到整机(如纺织机械、农业机械、食品包装机械等)均为教学过程的载体,有利于提高学生的学习兴趣,另一方面注重认知对象的先进性,包括虚拟仿真实验,以便完全达到本课程设计的教学目标要求。

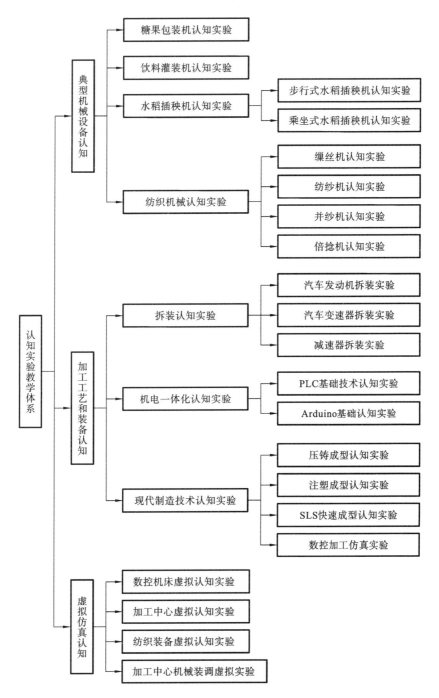

图 1-1 认知实验教学体系

根据实验教学体系,实验教学内容主要包括典型机械设备认知、加工工艺和装备认知、虚拟仿真实验认知等模块。具体教学内容和参考学时如表 1-1 所示。

表 1-1　教学内容和参考学时

模块名称	实验项目名称	参考学时
典型机械设备认知实验	糖果包装机认知实验	2
	饮料灌装机认知实验	2
	水稻插秧机认知实验	2
	纺织机械认知实验	2
拆装认知实验	汽车发动机拆装实验	4
	汽车变速器拆装实验	2
	减速器拆装实验	2
机电一体化认知实验	PLC 基础技术认知实验	2
	Arduino 基础认知实验	3
现代制造技术认知实验	压铸成型认知实验	2
	注塑成型认知实验	2
	SLS 快速成型认知实验	2
	数控加工仿真实验	2
虚拟仿真认知实验	数控机床虚拟认知实验	3
	加工中心虚拟认知实验	2
	纺织装备虚拟认知实验	2
	加工中心机械装调虚拟实验	3

1.3　实验教学目的

教学目的：通过机械认知实习，使工程类专业学生接触工程实际，了解工程技术对推动社会进步的作用，增强工程意识，提高工程素质；同时开拓学生的视野，拓宽其知识面，增加工程技术方面的信息量，为其走上社会进行必要的能力和知识储备。

总教学目标是通过学生亲身观察、动手学习，开阔学生的视野，培养提高学生的分析问题能力；通过积累工程技术方面的素材和经验，丰富学生的知识，启迪学生在解决问题时的创新思维；增强学生的认知能力，使学生的观察能力、动手能力和表达能力得到锻炼和进步。

具体的教学目标是：

通过行业典型机械设备认知实验，如纺织、食品、包装、汽车、农机等行业的自动化机械认知实验，学生了解不同行业机械的共性和特殊性；同时，通过观察学习，积累行业生产方面的素材和经验，开阔视野，启迪创新思维。

通过加工工艺和装备认知实验，学生观察学习，直观地了解多类材料的各种冷、热加工过程和装备，以及典型零件的加工工艺过程，增加加工方面的基本知识；学生动手拆装典型机械零部件，了解其工作原理、构造及用途，增强动手能力。

通过虚拟仿真认知实验,学生借助接近真实的人机交互界面完成实验;同时虚拟仿真认知实验也为学生自由搭建实验提供环境条件,学生既可通过实验仿真平台动手操作,又可自主设计实验,有利于培养设计能力和创新意识。

1.4 实验教学方法和手段

由于工程类专业的新生是以高中生的基础知识为起点来学习本课程的,因此我们非常需要关注教学方法和手段的合理应用。

认知实践教学中,学生需要在教师的指导下,通过观摩、动手实践等方法进行学习。教学的最终目的是使学生初步树立工程意识,了解和掌握机械工程的应用领域及其在国民经济中的重要地位和作用,加深对专业及专业方向的认识,对今后的学习方法有较大的把握和定位。

在教学深度上,重点关注工程技术领域的基本知识;但在高度上,要站得高看得远,从整个社会的"大工程"来看,教学中应该结合学生所学的专业,注意它们的各种联系。

在具体教学方法和手段上,要求如下:

(1) 教学方法采用"边教边认知",即实验前教师先讲解理论知识,或在教师讲解过程中,学生同时开始认知实验。讲解要突出重点,难点要处理得当。

(2) 实验手段要突出工程应用背景,依托机电设备和实际零部件进行现场教学、现场操作、现场解剖,并引导学生在认识上有所创新。所以要尽可能利用实验室的现有设备,在其上指出具体应用实例;同时要利用现代教育技术,结合使用多媒体、录像等手段。

(3) 教师要深入浅出地多介绍基本的、必要的理论知识,同时要多设问,引导学生积极思考。

(4) 教师在引导学生关注共性问题的同时要强调实验对象的特殊性,带领学生观察了解不同实验对象的区别和差异,以加深印象,帮助学生记住有关概念。

(5) 教学过程应重点关注常用零部件、常用机构和常规加工方法,适当拓展讲述一些前沿成果。

(6) 教学过程要注重培养学生的表达能力,包括口头表达能力和书面表达能力,同时要求学生及时完成实验报告。

(7) 要分层次指导,满足学生的个性化需求。对于钻劲足的学生,可以让其在更大范围内选择实验对象和实验内容,适当加深实验难度。

(8) 为充分发挥学生的学习自主性,实验室要实行开放管理。

必须注意,为了达到教学目标,应该大力进行实验内容、教学方法与手段的改革,例如积极创造条件开设受学生欢迎的实验内容和项目,做到实验项目新颖,实验内容有应用背景;又如引导学生积极参与实验,变被动学习为主动学习,进一步提高教学效果。

1.5 如何学习本课程

本课程的特点是突出"理论与实践结合并重"的原则,教师用工程技术领域最基本的知识作为铺垫,引导学生通过各种方式来认知,以提高工程素质。

因此,学生应坚持"五用"原则,即"用耳、用脑、用眼、用手、用嘴",在认知过程中要学会用耳倾听,用脑思考,用眼观察,用手体验,用嘴表达。

学生应聚精会神地倾听教师的知识铺垫,注意观察实验对象,同时应多思考,多提问,多与指导教师沟通。

在实验中学生要提高自己的动手能力,能动手的一定要主动动手,不能动手的注意观察教师动手演示。

同时学生也要培养自己的表达能力。在实验中要多提问,多回答,提高口头表达能力。实验后,要根据实验报告中设计的观察点,书面描述相关的认知点。一是提高书面表达能力,二是加深对实验和结果的印象。

每一实验后的若干思考题应在实验中或课后完成;对于应用拓展性的思考题,要积极开动脑筋,或同学之间相互讨论,或请教师一起参与完成。

典型机械设备认知实验

任何一个行业的发展都离不开机械设备的助力,机械为各个行业提供了必要的技术装备,用以完成行业内的各项工作或工艺过程。各行业的工艺任务种类繁多,因此设备也包罗万象,例如用于完成包装过程的包装机械可分为十一类:裹包机械、灌装机械、充填机械、封口机械、多功能包装机械、标签机械、清洗机械、干燥机械、杀菌机械、捆扎机械和集装机械、辅助包装机械。糖果包装机和饮料罐装机分别属于其中第一、二类。包装机械作为专业性机械,除了应该满足普通机械的一般要求(例如高质量、高效率、多品种、低成本、环保等)外,还需满足其特殊的行业要求,例如外表造型美观、功能强大、性价比高等,以提高产品竞争力,适应市场的需求。

本章实验涉及糖果包装机、饮料灌装机和水稻插秧机的认知,主要目的是让学生接触典型的行业生产机械,拓宽眼界,丰富工程领域的专业知识。

2.1 糖果包装机认知实验

2.1.1 实验目的与要求

实验目的是通过亲身观察糖果包装机的工作过程,大学生基本理解本机器的工作原理,了解常用机构在本机器中的应用情况,增加对包装机械的感性认识。

在实验中,要求学生注意观察包糖过程中的各种机械动作及其相互配合,仔细分析各种动作实现过程,即由哪些机构组成,这些机构在机器中的作用各是什么。

2.1.2 实验内容

双扭结糖果包装机工作过程认知、机器组成认知。

2.1.3 实验设备与工具

双扭结糖果包装机、扳手等。

2.1.4　实验过程

1. 理论知识学习

1）机器概述

机器的种类繁多，其构造、性能和用途各不相同，不管是工业用机器还是生活用机器，在工作过程中都能替代或减少人类的劳动。机器大都是由各种材料制造成的零件经装配而成的组合体，其中一部分零件通过组合形成各个运动构件，各个运动构件之间具有确定的相对运动，使机器能实现预期的机械运动，可用来完成有用的机械功或转换机械能。利用机械能来完成有用的机械功的机器称为工作机，如车床、纺织机、糖果包装机等；把其他形式的能量转换为机械能的机器称为原动机，如发动机、电动机等。

自从 20 世纪以来，人们应用各种知识不断创造出各种新型的机器，现在的机器不仅可以代替人的体力劳动，而且还可以代替人的脑力劳动，智能化的机器在市场上越来越多，实际上机器的概念已经有了很大的扩展。

现代机器从传动路线结构上分析主要由四部分组成：原动机、传动系统、执行机构和控制系统，如图 2-1 所示。原动机给机器提供动力，驱动整个机器完成预定的功能。各种机器广泛使用的原动机有（交流和直流）电动机、内燃机等。通常一台机器用一个、两个或几个原动机。传动系统把动力或运动（运动形式、运动参数）根据需要传递到执行系统，如减速、增速、调速、改变转矩及运动形式等，从而满足执行机构的各种要求。执行机构完成机器预定的动作，是机器中直接完成工作任务的部分。控制系统完成机器工作期间各部分的检测、调节等功能，使机器准确、可靠地完成工作任务。有的机器还有一些附加辅助机构，如保险机构等。

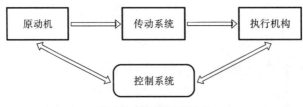

图 2-1　现代机器组成

如果从功能结构上来分析，现代机器可以用如图 2-2 所示的黑箱图表示。任何机器都具有确定的总功能，即通过内部技术系统可以将外部输入（信息、能量和物料）转换成为某种输出（新的信息、能量和物料）。从系统的观点来看，机器总功能可以分解成各分功能，对应的技术系统也可以分解成各子系统，各子系统之间也是通过信息流、能量流和物料流三者有机地联系起来的，从而可以实现机器的总功能。

2）糖果包装机

糖果包装是食品工业最常见的包装之一，通常有枕式包装、折叠式包装、扭结式包装。折叠式包装和扭结式包装比较复杂，其他形式的包装比较简单，因此大部分糖果包装都采用枕式包装，每分钟可以达到 1500 粒以上。扭结式包装是一种传统的包装，它可以自动化地进行，也可以手工操作。我国糖果包装与发达国家相比，主要问题是包装装备水平低、包装材料种类少、包装质量不高，要想缩小差距，必须坚持走自主开发创新之路。现在国内糖果包装也朝着包装机高速自动化、一机多能化及包装特色化发展，新推出的包装机大多数采用了伺服电动

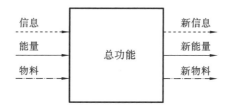

图 2-2　功能结构黑箱图

机、光电跟踪、高速摄像等新设备和技术,使自动化的控制能力大大提高。下面介绍双扭结糖果包装机的工作过程。

双扭结糖果包装机如图 2-3 所示。从工作原理上分析,整机通过(变频调速)电动机、皮带传动、齿轮传动等把运动和动力传递到三个主要执行部分,实现糖块排列输送、送纸、包装三个分功能,对应的技术子系统为糖槽系统、送纸系统和包糖系统,它们在时序、位置上互相配合以完成包糖总功能。包装时,首先把待包装的糖块倒进糖槽,糖块在糖槽中毛刷的作用下被刷进与糖块大小相匹配的糖盘孔内定位,并随糖盘间歇地分度转动定位。同时,包装纸经由多个辊轮送到糖盘上方,盖在糖盘内的糖块上,由上下切刀切断。此后,压糖杆与顶糖杆同时把包装纸与糖块上下夹紧并一起向上运动。双扭结包装成形过程如图 2-4 所示:当糖果被送到夹糖爪的中间时,夹子从左右两侧夹紧糖块,压糖杆与顶糖杆复位,刮纸杆将右侧的包装纸刮到糖块下面;随后夹糖爪顺时针转动,糖块左侧包装纸受到圆形护架体的约束而折弯到糖块的下面;当夹糖爪转到上端时,前后两端的塑料爪夹住糖块包装纸两端并进行扭结,约转动 270°后,已包装好的糖块由拨糖杆拨出,进入料斗。

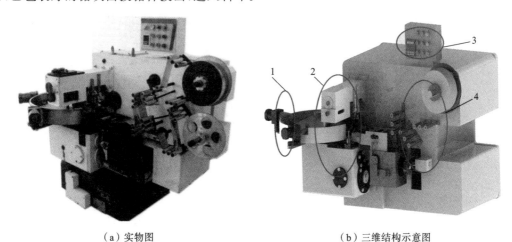

（a）实物图　　　　　　　　　　　（b）三维结构示意图

图 2-3　双扭结糖果包装机

1—糖槽系统　2—包糖系统　3—控制系统　4—送纸系统

包装过程中,双扭结糖果包装机的关键工序是包装糖纸的扭结,完成该工序的核心机构是扭结机构。扭结机构的结构如图 2-5 所示,它主要由扭结手、槽凸轮、摆杆、拨轮、齿轮及传动轴等组成。

下面结合图 2-5 介绍双扭结式包装的工作原理:为满足包装纸扭结的要求,扭结机构在扭结过程中应完成扭结手的转动、轴向移动和扭结手的张开或闭合这三种运动。输入轴 14 的运动经齿轮传动后,分别传递给凸轮轴 11 和齿轮 4。齿轮 4 带动扭结手 1 转动;凸轮轴 11 带动

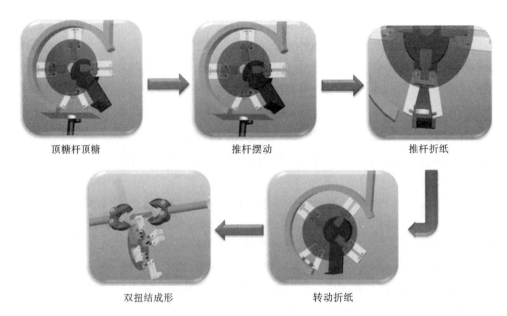

顶糖杆顶糖　　　　　　　推杆摆动　　　　　　　推杆折纸

双扭结成形　　　　　　　转动折纸

图 2-4　双扭结包装成形过程

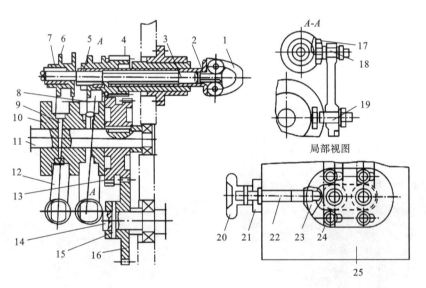

图 2-5　扭结机构结构示意图

1—扭结手　2—套轴　3—扭结手轴　4、13、16—齿轮　5—螺母　6—拨轮　7—弹簧
8、12—摆杆　9、15—销　10—槽凸轮　11—凸轮轴　14—输入轴　17—滑块　18—滑块轴
19—滚子轴　20—手轮　21—固定板　22—调节螺杆　23—滑座　24—螺栓　25—箱体

槽凸轮 10 转动,经过摆杆 8 和齿轮 4 带动套轴 2 及扭结手轴 3 做轴向移动,以补偿包装纸在扭结时的缩短;同时,摆杆 12 和滑块 17 带动扭结手轴 3 也做轴向移动,扭结手轴 3 的前端通过齿条、扇形齿轮与扭结手 1 连接,当扭结手轴 3 与套轴 2 产生轴向相对移动时,即可实现扭结手的张开或闭合。扭结手张开或闭合的角度大小与进退距离的协调,由槽凸轮 10 的曲线保证。通常左右扭结手之间的距离及对称度需进行调节。转动手轮 20 可使滑座 23 左右移动,从而改变摆杆 12 的下支点位置,由于摆杆 12 中间与凸轮接触的支点不变,因此,扭结手产生相应位移,达到调整的目的。

　　包装机工作时很多动作是间歇性的,机器内置两类间歇运动机构:一类是平面凸轮分度机构(见图 2-6),工作时输入轴上的平面共轭凸轮廓面的曲线段驱使分度轮转位,圆弧段使分度轮静止、定位自锁,这就将连续的输入运动转化为分度轮输出轴的间歇回转运动;另一类是弧面凸轮分度机构(见图 2-7),工作时输入轴上的蜗杆形弧面凸轮与输出轴上的分度轮无间隙啮合,凸轮廓面的曲线段驱使分度轮转位,直线段使分度轮静止、定位自锁,将连续的输入运动转化为间歇的输出运动。弧面凸轮分度机构凸轮形状如同圆弧面蜗杆一样,滚子均匀分布在转盘的圆柱面上,犹如蜗轮的齿。

图 2-6　平面凸轮分度机构　　　　　　图 2-7　弧面凸轮分度机构

　　在包糖过程中,糖块顶出运动是由一个空间凸轮杆机构完成的,因为送糖果时,糖杆一边向上运动,一边转动。送纸运动由组合机构完成,凸轮间歇运动机构、轮系和同步齿形带串联组合后驱动压辊带出糖纸,糖纸由压缩空气吹起浮在糖盘孔中的糖块上方。切纸由连杆机构驱动摆动刀片完成。拨杆摆动均由曲柄摇杆机构驱动。夹糖爪的转动是由平面凸轮间歇机构驱动转动头实现的,夹持动作是由转动头内部的小平面凸轮机构控制的。扭结手夹持、伸缩和转动动作是由移动齿条机构和空间凸轮机构复合实现的。

2. 实验步骤

　　(1)开机,接通电源,打开电源开关、送气开关。开机时首先将气源接上,必须把糖纸调整好;否则,会出现卡纸,从而不能正常包装糖果。

　　(2)动手操作,首先用点动开关启动,观察机器各部分是否相互协调,然后让运行速度逐渐由低速到高速进行调整。如有异响声,必须马上停机。

　　(3)观察无糖状态下机器的工作,试验无糖检测控制装置是否工作正常。机器正常时活动压辊被顶起,送纸停止。

3. 按规定格式完成实验报告

　　(略)

2.1.5　注意事项

　　(1)开机操作必须在教师指导下进行,开机时小组内同学要相互提醒,打开罩壳观察时要注意安全,禁止用手触摸机器活动机件。

（2）当机器进行检修和调整时，必须切断电源开关。

（3）通过本实验，学生应理解与机器的组成、机器的功能与技术系统等有关的概念。

（4）认知重点是包糖工作原理和凸轮间歇机构的应用。

2.1.6 思考题

（1）双扭结糖果包装机由哪几部分组成？各种动作如何完成？

（2）在什么场合需要使用间歇运动机构？请举例说明。

（3）机器是怎么组成的？

2.2 饮料灌装机认知实验

2.2.1 实验目的与要求

实验目的是通过亲身观察饮料灌装机的工作过程，大学生基本理解本机器的工作原理，了解常用机构在本机器中的应用情况，增加对饮料灌装机及自动生产线的感性认识。

在实验中，要求学生观察饮料灌装机流水线在清洗、灌装、封盖过程中的各种机械动作及其相互配合，仔细分析各种动作的实现过程，即由哪些机构组成，这些机构在机器中的作用各是什么。

2.2.2 实验内容

三合一体饮料灌装机工作过程认知、自动流水线认知。

2.2.3 实验设备与工具

冲洗瓶机、负压灌装机、旋合封口机等。

2.2.4 实验过程

1. 理论知识学习

1）自动生产线概述

自动生产线是由工件传送系统和控制系统，将一组自动机器和辅助设备按照工艺顺序连接起来，能够自动完成产品全部或部分制造过程的生产系统，简称自动线。从 20 世纪 20 年代开始，随着汽车、滚动轴承、小型电动机和缝纫机等的发展，机械制造中开始出现自动线，较早出现的是组合机床自动线。在此之前，首先是在汽车工业中出现了流水生产线和半自动生产线,随后发展成为自动线。第二次世界大战后,在工业发达国家的机械制造业中,自动线的数目急剧增加。

采用自动线进行生产的产品应有足够大的产量,产品设计和工艺应先进、稳定、可靠,并在较长时间内保持基本不变。在大批、大量生产中采用自动线能提高劳动生产率和产品质量,改善劳动条件,缩减生产占地面积,降低生产成本,缩短生产周期,保证生产均衡性,有显著的经济效益。

自动线的工件传送系统一般包括机床上下料装置、传送装置和储料装置。在旋转体加工自动线中,传送装置包括重力输送式或强制输送式的料槽或料道,提升、转位和分配装置等。有时采用机械手完成传送装置的某些功能。在组合机床自动线中,当工件有合适的输送基面时,采用直接输送方式,对应的传送装置有各种步进式输送装置、转位装置和翻转装置等。外形不规则、无合适的输送基面的工件,通常装在随行夹具上进行定位和输送,这种情况下要增设随行夹具的返回装置。

自动线的控制系统主要用于保障线内的机床、工件传送系统及辅助设备按照规定的工作循环和联锁要求正常工作,并设有故障寻检装置和信号装置。为适应自动线的调试和正常运行的要求,控制系统有三种工作状态:调整、半自动和自动。在调整状态时可手动操作和调整,实现单台设备的各个动作;在半自动状态时可实现单台设备的单循环工作;在自动状态时自动线能连续工作。

工业机器人和电子计算机等技术的发展,以及成组技术的应用,将使自动线的灵活性更大,可实现多品种、中小批量生产的自动化。多品种可调自动线,降低了自动线生产的经济批量,在制造业中的应用越来越广泛,并向自动化程度更高的自动生产系统发展。

2）饮料灌装生产线

近年来,饮料工业发展迅猛,各式饮料的品种不断丰富,产量的不断增长使得对设备的需求也呈不断增长的趋势。国外灌装与封口设备向高速、多用、高精度方向发展,目前部分灌装生产线已可以在玻璃瓶与塑料容器(聚酯瓶)、碳酸饮料与非碳酸饮料、热灌装与冷灌装等不同要求和环境下工作,灌装速度最高已达 2000 罐/分。我国饮料灌装设备基本是在引进设备和技术的基础上发展起来的,向高速自动化的方向发展。瓶装饮用水生产线的工序主要包括冲瓶、灌装、封口,在一机上同时实现冲洗、灌装、旋盖,全过程实现自动化。下面介绍三合一体饮料罐装生产线的工作过程。

饮料灌装生产线如图 2-8 所示,生产线由四个部分组成:冲洗瓶机、负压灌装机、旋合式封口机、板式链输送机。其中板式链输送机把其他三台机器连接成一条自动生产线。

生产线工作时,在链条上的空瓶进入冲洗瓶机,被机械手(弹簧夹)夹住后通过在空间轨道上旋转完成翻瓶冲洗,然后进入负压灌装机进行灌装,灌装时边抽气边灌装,灌装完成后被送到旋合式封口机盖上瓶盖,由生产线送出去之后通过贴标机粘上商标后完成整个灌装过程。灌装生产线的瓶子的高度和直径大小,可以通过调节机构调节,冲洗的速度和输送的速度也可以通过无级调速器进行调节。

冲洗瓶机为新型的回转式喷射冲洗机,其外形如图 2-9(a)所示。电动机采用电磁滑差调节装置调整,运转速度稳定,调速平滑,并有电动机过载安全保护装置钢球保险离合器作过载保护。整机采用内冲外淋方式,无菌水由一台水泵供给,经分水盘压向各喷嘴;空瓶由机械手握持,在钳手导轨(空间凸轮)作用下做翻瓶动作(见图 2-9(b)),机械手钳口的开合是由转盘底部的固定凸轮控制滚轮使夹持活动臂摆动而实现的(见图 2-10)。当瓶子恢复瓶口朝上时,

图 2-8 饮料灌装生产线
1—冲洗瓶机 2—负压灌装机 3—旋合式封口机 4—板式链输送机

（a）整机外形图

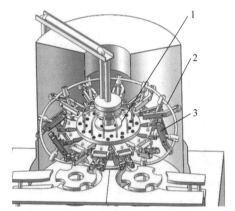

（b）夹持部分三维示意图

图 2-9 冲洗瓶机
1—转盘 2—翻瓶控制空间凸轮 3—空瓶夹持机械手

凸轮和滚轮接触后松开夹子,瓶子通过出瓶拨盘离开洗瓶机,进行下道灌装工序。

负压灌装机在负压下灌装,可以消除污染物及有害物的扩散,如图 2-11 所示。当灌装阀注液杆进入瓶内,密封垫密封瓶口后,开始抽气,建立负压,液缸中的液体在压差作用下灌入瓶内,当液面达到注液杆处后,抽气停止,压差消失,灌液停止,灌装阀提升,灌装完成。注液杆的上下运动由静止圆柱凸轮轮廓控制。

旋合式封口机是通过将瓶盖强制压至瓶口并旋合而完成封口工作的,如图 2-12 所示。理盖器通过旋转的齿盘对瓶盖进行导向,将瓶盖整理成开口朝下排列(见图 2-13),并经下盖管道依次送入到位,待用;圆柱形凸轮间歇机构(见图 2-14)完成分度转位,齿轮机构、平板凸轮机构压下并旋紧瓶盖。

图 2-14 所示的圆柱形凸轮间歇机构,主要作用是产生封瓶盖的间歇停顿时间。凸轮呈圆

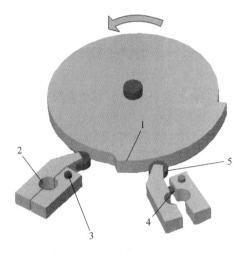

图 2-10 机械钳手夹紧机构

1—凸轮机构 2—钳瓶口 3—钳口销 4—弹簧 5—滚轮

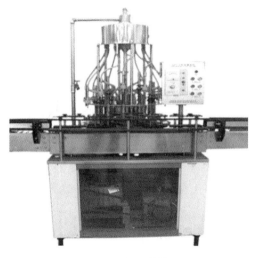

图 2-11 负压灌装机

图 2-12 旋合式封口机

图 2-13 理盖机构图

图 2-14 圆柱形凸轮间歇机构

柱形,滚子均匀分布在转盘的端面。滚子中心与转盘中心的距离为 R。这种机构实质上是一个摆杆长度等于 R、只有推程和远休止角的摆动从动件圆柱凸轮机构。

2. 实验步骤

（1）调整好每台机器中瓶子的高度和直径大小。
（2）各台机器分别接上三相电源。
（3）先开板式链输送机，然后打开各台机器的开关。
（4）调节好每台机器的传动速度，使生产线能协调工作。

3. 按规定格式完成实验报告

（略）

2.2.5　注意事项

（1）输送带的机械无级调速器必须在主轴启动后才能调节，否则就会被损坏。
（2）灌装机应装满液体；理盖器中必须放有新的盖瓶。
（3）通过本实验，学生应理解与机器的组成、机器的功能与技术系统，以及自动生产线等有关的概念。

2.2.6　思考题

（1）饮料自动灌装生产线的钳手凸轮机构和注液杆凸轮机构与常用的凸轮机构有什么区别？
（2）负压灌装是怎样完成饮料罐装的？
（3）输送带的输送速度是如何调节的？

2.3　水稻插秧机认知实验

2.3.1　实验目的与要求

实验目的是通过观察水稻插秧机的工作过程，大学生基本理解本机器的工作原理，了解常用机构在本机器中的应用情况，增加对插秧机械的感性认知。

在实验中，要求学生注意观察插秧机在工作过程中各种机械动作如何实现，以及各动作如何相互配合；还要分析机器动力的传递过程，分析明确该机器的主要分功能及其实现机构。

2.3.2　实验内容

步行式和乘坐式水稻插秧机工作过程认知、机器组成认知。

2.3.3 实验设备与工具

步行式水稻插秧机、乘坐式水稻插秧机、扳手等。

2.3.4 实验过程

1. 理论知识学习

1）水稻插秧机的农艺要求

我国各地自然条件、栽培制度及作物品种各有差异。因此,对插秧机的农艺要求各有不同。水稻插秧机一般应满足下列要求:

① 应保证一定的株距、行距。株距要能在一定范围内调节,一般行距虽不作调节,但应有不同规格供选。

② 每穴要有足够的株数,并以能在一定范围内利于增产为宜,可根据水稻品种、气候、土壤等条件决定,一般大小苗在 4～12 株内调节。

③ 插秧深度要适当、一致,并能在一定范围内调节,大苗(拔秧苗)的一般为 30～70 mm,带土小苗(俗称铲秧苗,简称小苗)的为 10～25 mm,以利于分蘖和生长。

④ 保证插秧质量,秧苗要插直、插稳,尽量减少漏秧、漂秧、勾秧、伤秧,均匀度要高。漏插率不能高于 20%,勾秧率、伤秧率、漂秧率合计不能超过 10%。

2）水稻插秧机的基本组成和一般工作过程

(1) 水稻插秧机的基本组成　各种插秧机尽管工作原理、结构形式、适用范围各有差异,但基本都是由插秧工作部分和动力行走部分组成,并配有不同操作机构和调节装置。

插秧工作部分主要由秧箱、分插机构、机架、调节装置等组成。其主要功能是完成取秧、分秧、送秧和插秧工作。取秧、分秧和插秧由分插机构完成。送秧是指同时从纵、横两个方向向取秧位置补充秧苗,以供取秧需要。

动力行走部分主要由内燃机、传动变速箱、行走轮、秧船、操纵机构等组成。其功能主要是驱动插秧机行走,改变行走速度和带动插秧工作部分完成插秧工作。人力插秧机由人力控制。

(2) 插秧机的工作过程　以分插器(秧爪)开始入秧箱为起点,其程序依次为:分插器分取秧苗;将梳刷(夹取)的秧苗运送到田面;将秧苗载插入泥土内;分插器提起,再回至秧箱取秧。在前次取秧之后,送秧机构补充供送一次秧苗,使秧箱中有足够的秧苗待取。载插穴距由机组行进速度(或人力)控制。

常用的水稻插秧机有步行式水稻插秧机和乘坐式水稻插秧机,如图 2-15、图 2-16 所示。两种水稻插秧机的明显结构特点是秧箱和分插机构的相对位置不同,步行式水稻插秧机的分插机构位于秧箱的前方,而乘坐式水稻插秧机的分插机构位于秧箱的后方。两种结构布局对分插机构的设计提出了不同的轨迹要求,下面对这两种水稻插秧机分别予以介绍。

3）步行式水稻插秧机的基本构成与主要参数

(1) 整体结构与参数。

步行式水稻插秧机如图 2-17 所示,它是一种适合我国水稻产区广大农村使用的经济型四行水稻插秧机,该插秧机设计结构简单,轻巧,操作灵便,使用安全可靠。从功能分析,该机主

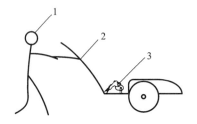

图 2-15　步行式水稻插秧机示意图　　　　图2-16　乘坐式水稻插秧机示意图

1—人　2—秧箱　3—分插机构　　　　1—分插机构　2—秧箱　3—人

要具有在水田行走的功能和插秧的功能。为实现这些功能,该机由发动机、传动系统、机架及行走系统、液压仿形及插深控制系统、插植系统、操纵系统等组成。

图 2-17　步行式水稻插秧机

步行式水稻插秧机是双轮驱动自走式插秧机,人在机后步行操作,其主要操纵系统(即各种操作手柄)都在机器后部,用钢丝与各控制部分相连,便于机手操作控制机器。秧箱与插植臂也在机器后部,以便机手观察并添加秧苗。

为了提高机器的机动性能,减轻自重,步行式水稻插秧机采用了大量工程塑料件(如浮板、秧箱、罩盖)和铝合金铸件(如主变速箱、插植传动箱、导轨等),驱动轮为钢圈叶片式包胶驱动轮。

插秧机的发动机安装在机器的前部,使机器前后平衡。发动机为四冲程汽油发动机,输出功率为 1.69/3600(kW/(r/min)),最高可达 2.2/4000(kW/(r/min))。步行式水稻插秧机主要参数如表 2-1 所示。

表 2-1　步行式水稻插秧机主要参数

参数	取值	参数	取值
变速挡位	前进 2 挡,倒退 1 挡	行驶速度/(m/s)	1.44
插秧速度/(m/s)	0.34～0.74	插秧效率/(亩*/时)	2.0～4.5
栽植行数	4	行距/cm	30(固定)
株距/cm	14、16、18、21	穴株数	3～5 株(可调节)
自重/kg	约 170		

* 1 亩约为 666.7 m^2。

（2）机器的主要部件特点。

动力部分：采用 1.69 kW 汽油发动机,性能稳定,直接手拉启动。

插植部分：采用旋转式分插机构,相对传统的曲柄摇杆式分插机构,前者工作平稳,振动小。

液压仿形部分：采用反应灵敏的液压仿形装置,当机器在高低不平的地块插秧时,保证了秧苗插深的一致性。

行走部分：采用三条船型浮板,可以有效防止或减少在水田行走时产生的壅泥、壅水冲倒或冲起已插秧苗的弊端。采用钢圈叶片式包胶驱动轮,在水田行走时,附着效果好,打滑率低,同时由于轮子很窄,所留轮辙轻微。

（3）步行式水稻插秧机核心工作部件。

移箱机构与分插机构分别是步行式水稻插秧机的两大核心工作部件。分插机构负责从秧箱取苗,然后进行插秧;移箱机构是实现秧箱横向送秧和纵向送秧的驱动机构。

① 移箱机构的组成及工作原理。

步行式水稻插秧机四轴移箱机构采用双螺旋轴来实现移箱的左右移动,其原理如图 2-18 所示。步行式水稻插秧机四轴移箱机构包括装在移箱箱体内的移箱机构动力传送装置、横向送秧装置和纵向送秧装置。

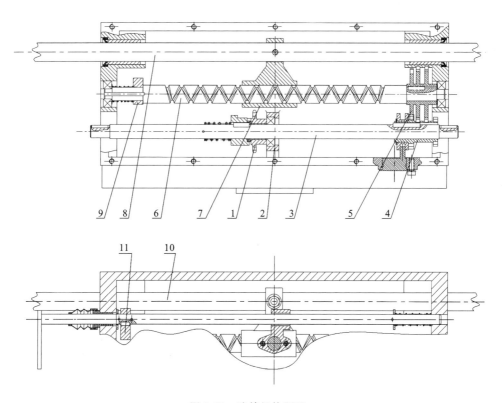

图 2-18 移箱机构原理

1—链轮 2—离合器 3—传动轴 4、5—齿轮 6—双螺旋轴

7—滑套 8—横向送秧轴 9、11—凸轮 10—纵向送秧轴

移箱机构动力传送装置是在箱体内的链轮传动轴 3 上装有链轮 1,传动轴的右侧装有齿轮,而链轮上装有牙嵌式安全离合器,将动力传到传动轴上后,通过与齿轮 5 的配对啮合,将动

力传到双螺旋轴 6 上。

横向送秧装置是在双螺旋轴上装有一带有滑块的滑套 7，滑套另一端与横向送秧轴 8 固接，双螺旋轴转动时滑套 7 沿双螺旋轴做横向往复移动，同时带动横向送秧轴沿箱体做横向往复移动，而横向送秧轴与秧箱固接，实现横向送秧。

纵向送秧装置是在双螺旋轴左侧装有凸轮 9，当滑块滑到最左侧时，推动凸轮 9 向左侧移动，使凸轮 9 与凸轮 11 碰撞，驱动凸轮 11 转过一定的角度，纵向送秧轴 10 与凸轮 11 固接，这样使纵向送秧轴也摆过一定角度，此摆动的角位移通过传动装置拨动棘轮，实现纵向送秧。

在箱体内，装在双螺旋轴上的滑套跨接在横向送秧轴和纵向送秧轴上，并与横向送秧轴和纵向送秧轴配合，使移箱机构传动平稳可靠。

② 分插机构的组成及工作原理。

图 2-19 所示为后插旋转式分插机构，图 2-20 是它的结构简图，它的传动部分由 2 个全等的正圆齿轮和 2 个全等的椭圆齿轮组成，2 个椭圆齿轮都以焦点为回转中心，中间椭圆-正齿轮是通过同一个键固接中间轴上的椭圆齿轮和正圆齿轮而得到的。太阳轮 1 固定不动，工作时行星架（齿轮箱）在中心轴的带动下，绕着回转中心 O 转动；两个椭圆齿轮在 P 点啮合，引起传动比非线性变化，从而引起正齿行星轮 4 相对于行星架做非匀速转动。通过定位板与行星轴固接的一个插植臂 5，一方面随着行星架做圆周运动，相当于牵连运动；另一方面与行星圆齿轮一起相对于行星架做

图 2-19 后插旋转式分插机构

反向非匀速转动，相当于相对运动。通过选择合适的机构参数，可使得插植臂 5 上的秧针尖点 D 形成满足插秧要求的姿态（工作轨迹、取秧角、插秧角）。图 2-21 所示为秧针尖点 D 的插秧静轨迹。

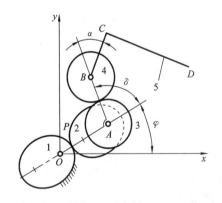

图 2-20 后插旋转式分插机构结构简图

1—太阳轮 2—中间椭圆齿轮 3—中间正齿轮

4—正齿行星轮 5—插植臂（与行星轮为一体）

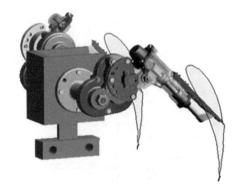

图 2-21 插秧静轨迹（海豚形）

4）乘坐式水稻插秧机的基本构成与主要参数

（1）整体结构与参数。

图 2-22 所示为乘坐式水稻插秧机的外形。该机配用 15.4 kW 发动机，四轮驱动（高效液压无级变速），采用高速回转式插植机构，保证单株插秧的直立性，插秧效果如图 2-23 所示；通

过灵敏的油压感度控制浮船对地压力,确保泥面插秧,稳定插秧深度。四轮驱动底盘,前后桥在转向时,内外轮的差速平稳,转向半径小,保持转弯处作业面平整。作业时,操作人员位于插秧机驾驶位,控制机器行驶速度,因此相比步行式水稻插秧机,可实现高速插秧。

图 2-22　乘坐式水稻插秧机外形

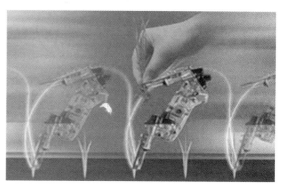

图 2-23　插秧效果模拟图

乘坐式水稻插秧机主要参数如表 2-2 所示。

表 2-2　乘坐式水稻插秧机的主要参数

参　　数	取　　值	参　　数	取　　值
变速挡位	前进 2(插植 1)、后退 1× 液压机械无级变速	插秧效率/(亩/时)	0~9
栽植行数	6	行距/cm	30(固定)
株距/cm	22、18、16、14、12、10	插秧株数(每 3.3 m²)	50、60、70、80、90、105
自重/kg	约 750		

(2)乘坐式水稻插秧机核心工作部件。

移箱机构与分插机构分别是乘坐式水稻插秧机的两大核心工作部件。乘坐式水稻插秧机的移箱机构工作原理与步行式水稻插秧机的相同,此处不作赘述。乘坐式水稻插秧机的分插机构采用对称布置的前插旋转式分插机构(见图 2-24),其机构运动简图如图 2-25 所示。其工作原理描述如下:该机构由 4 个全等圆齿轮和 3 个全等椭圆齿轮组成,3 个椭圆齿轮的回转中心均在椭圆齿轮的其中一个焦点上,且初始相位相同。中心椭圆齿轮 1 (也称为太阳轮)固定不动,工作时传动箱(行星架)在中心轴的带动下,相当于一个原动件绕太阳轮的回转中心 O_1 转动;两对椭圆齿轮 1 和 2、1 和 3 啮合,引起传动比非匀速变化,

图 2-24　前插旋转式分插机构三维模型

从而使得对称布置的 2 个行星圆齿轮 6、7 相对于行星架做非匀速转动。通过键、行星轮轴与行星圆齿轮固接的一对插植臂,一方面随着行星架做圆周运动,另一方面随着行星圆齿轮相对于行星架做非匀速转动,在这两种运动的复合下,秧爪按要求的姿态(角位移和轨迹)运动,通过选择合适的结构参数,就可找到满足插秧要求的工作轨迹、取秧角和插秧角。图 2-26、图

2-27所示分别是秧针尖点的静轨迹和动轨迹。

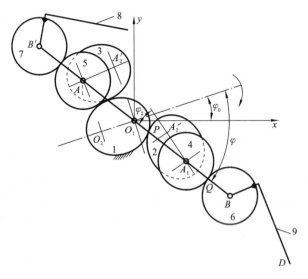

图 2-25　分插机构(圆柱齿椭圆齿行星系)运动简图
1—中心轮　2、3—中间椭圆齿轮　4、5—中间圆齿轮　6、7—行星圆齿轮　8、9—插植臂

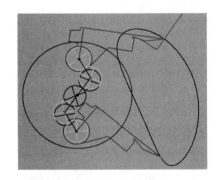

图 2-26　插秧静轨迹

图 2-27　插秧动轨迹

2. 实验步骤

1）步行式水稻插秧机的操作

（1）启动机器。启动机器前，必须确认挡位拨杆位于"空挡"位置，主离合器和插秧离合器手柄位于"切断"位置，将液压升降手柄调到"固定"位置，并将油门调到合适位置（一般位于中间位置），将启动钥匙转到"运转"位置，然后用手拉动启动绳以发动机器。

注意：若有异常响声，必须停机。

（2）手动操作。确认挡位拨杆位于"空挡"位置，主离合器和插秧离合器手柄位于"连接"位置，然后用手慢慢拉动启动绳使发动机运转。

（3）在运转状态下观察插秧机各部件的工作状况，初步理解插秧机的工作原理。

2）乘坐式水稻插秧机的操作

（1）启动机器。

启动机器前，必须确认手柄的位置及周围的安全，一定要坐在驾驶座上启动引擎。启动步骤如下：

① 燃料滤清开关扳向"开"的方向；

② 主变速手柄位于"中立"位置，插植手柄位于"油压中位"位置；

③ 加油手柄置于"高"与"低"中间的位置；

④ 风门手柄拉到"闭"的位置；

⑤ 完全踩下主离合器踏板后，方可将钥匙开关转至"启动"位置；

⑥ 引擎启动后，轻轻将风门手柄压入；

⑦ 引擎启动后 5 分钟内，不加油门运转（暖机运行）。

注意：若有异常响声，必须停机。停机方法：① 降低油门；② 钥匙开关置于"切"位置。

（2）前进、停止。

启动引擎后，移动行走时，将插植手柄置于"上"位置，使插植臂上升到最高，然后将插植手柄置于"油压中位"位置，并用油压锁止手柄固定。踏下主离合器踏板后，主变速手柄推入适合作业的位置，慢慢松开离合器踏板，即可前进。加油手柄回到"低"位置后，踩下主离合器踏板，同时机体会立刻停止，之后主变速手柄置于"中立"位置。

（3）插植作业实验。将主变速手柄置于"中立"位置，插植深度调节手柄置于"4 标准"位置，取苗量调节手柄置于"中"位置，穴数变速手柄置于希望的穴数位置，油压锁手柄置于"油压锁止"位置，插植手柄置于"插植 1 速"位置，此时可以观察插秧机插植臂和栽秧台的运转工作状况。

（4）在运转状态下观察插秧机各部件的工作状况，初步理解插秧机的工作原理。

（5）停车。插植手柄置于"插植切"位置，启动开关置于"切"位置，引擎停止运转；然后踏下刹车踏板，扣好锁紧装置。

3. 按规定格式完成实验报告

（略）

2.3.5 注意事项

（1）开机操作必须在教师指导下进行，开机时小组内同学要相互提醒，打开罩壳观察时要注意安全，禁止用手触摸机器活动部件。当机器进行检修和调整时，必须关闭发动机，切断电源。

（2）通过本实验，学生应理解与机器的组成、机器的功能与技术系统等有关的概念。

（3）认知重点是插秧机构工作原理、各种动作的相互协调和配合，尤其要关注椭圆齿轮、双螺旋机构、行星轮系的应用场合。

2.3.6 思考题

（1）步行式水稻插秧机的动力源为什么不用电动机而用发动机？

（2）熟悉整机的动力传动过程（能量流），并绘制整机动力传递的示意图。

（3）如何保证工作过程中秧苗不被破坏？弄清秧苗的移动路线（物料流），并绘制秧苗移动示意图。

（4）延伸了解：除了本机的插秧机构外，列出一两种类型的其他分插机构，说明其结构组成和工作原理。

纺织机械认知实验

中国是世界上最早生产纺织品的国家之一。早在春秋战国时,丝织物就已经十分精美,纺织生产工具经过长期改进演变成原始的缫车、纺车、织机等手工纺织机器。由秦、汉到清末,蚕丝一直作为中国的特产闻名于世。从宋到明,手工纺织机器逐步发展,形式多种多样,织机形成了素机和花机两大类。到了18世纪中叶,西欧发展了动力机器纺织,形成了纺织工厂体系。中国在鸦片战争后开始引进欧洲纺织技术,逐渐形成大工业化纺织。

纺织工业中使用的机器统称纺织机械。根据纺织过程中不同的工艺要求和用途,纺织机械的种类有很多,如大的方面有纺纱和缫丝、准备、织造、印染和服装等机械,小的方面根据工艺细分后更多,它们的工作原理、结构各不相同。

本章根据纺织生产工艺的先后顺序,以从纺纱到织造到成衣为主线,通过纺织工程的主要机械的认知实验,加深学生对纺织行业的了解。

3.1 缫丝机认知实验

大家都熟悉唐朝诗人李商隐的诗句"春蚕到死丝方尽,蜡炬成灰泪始干"吧。可蚕吐出的丝结成茧子后,如何成为我们织绸用的丝呢?由茧缫成丝的任务由缫丝机来完成。下面通过缫丝机的认知实验,让我们认识缫丝的工作原理、过程及机器运作过程。

3.1.1 实验目的与要求

实验目的是通过观察缫丝机的运转过程,非工科类大学生对纺织行业中的制丝生产过程及缫丝机械工作原理和各关键部件的作用有所了解,增强对纺织机械的感性认识,同时增强对纺织生产经营管理过程中缫丝生产环节必要的工艺参数及专业用语的理解。

在实验中,要求学生注意观察机械动力源、动力传递路线、茧在机器中的行走路线,了解丝线质量及纤维度的控制原理,记住缫丝的主要工艺步骤及相应的专业术语。

3.1.2 实验内容

缫丝机整机结构认知;缫丝机传动装置及关键机构认知;缫丝生产工艺过程认知。

3.1.3　实验设备

飞宇 2000 型自动缫丝机。

3.1.4　实验过程

1. 理论知识学习

缫丝是丝织原料生产中最主要的工序,是将煮熟的茧搜索出茧丝头(缫丝工艺上称为索绪),然后根据生丝规格(粗细)要求,将若干粒已找出茧丝头的茧(正绪茧)合并起来,在规定的工艺条件下,缫制生丝的生产过程。缫丝的原料是煮熟茧,成品是生丝,副产品有绪丝和蛹衬。

在缫丝生产中涉及的主要专业名称和术语如下。

(1) 生丝　生丝是指通过一定的工艺,从蚕茧层中抽出茧丝,并根据线密度要求,把若干根茧丝合并、黏合而纺制成的工业用丝,俗称白厂丝。

(2) 纤度　纤度表示茧丝的粗细程度,单位为旦尼尔(D)。9000 m 丝重 1 g,定为 1 旦尼尔(D)。

(3) 生丝规格　生丝规格以"纤度下限 / 纤度上限"表示,其纤度中心值为名义纤度。如:20/22 D 表示生丝的名义纤度为 21 D,生丝的纤度下限为 20 D,纤度上限为 22 D。

缫丝生产工艺过程如图 3-1 所示。

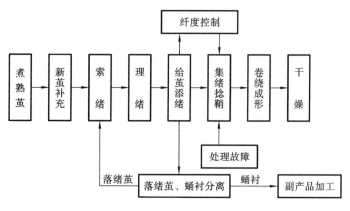

图 3-1　缫丝生产工艺过程

索绪的目的是通过索绪帚对茧体的摩擦,从煮熟茧和落绪茧的茧层表面引出茧绪丝。

理绪的目的是将茧层表面的杂乱绪丝除去,加工成一茧一丝的正绪茧。

集绪捻鞘的主要作用有集合绪丝、减少丝条水分和固定丝鞘位置。

在缫丝过程中,某颗茧的丝断了或缫完(工艺上称为自然落绪)使得茧丝逐渐变细,当生丝细度变小到必须添绪的线密度限值及以下时,称为落细。缫丝中发生落细,必须补充正绪茧的绪丝,使落细部分不再延长,保证生丝线密度达到规定的细度。

落细后补充正绪茧的方法可以分两步进行:一是将正绪茧送入缫丝槽,绪丝交给发生落细的绪头,称为添绪;二是将交给绪头的绪丝引入缫制着的绪丝群中,使它黏附上去,成为组成生丝的茧丝之一,称为接绪。自动缫丝往往将添绪再细分为给茧和添绪两个步骤,其中将正绪茧送入缫丝槽的动作称为给茧。一般所说添绪就已包含给茧动作了。

实现缫丝生产过程的机械称为缫丝机。现在常用的缫丝机有立缫机和自动缫丝机两类。图 3-2 所示为飞宇 2000 型自动缫丝机,图 3-3 所示为该机的纵向机构配置图。

图 3-2 飞宇 2000 型自动缫丝机

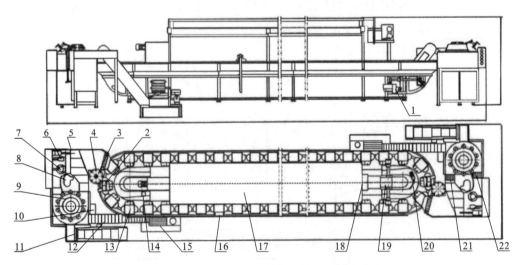

图 3-3 飞宇 2000 型自动缫丝机纵向机构配置图

1—主传动电动机 2—自动探量机构 3—自动加茧机构 4—丝鞭及大筻 5—两棱体移丝器 6—捞针
7—偏心盘粗理机构 8—锯齿片粗理机构 9—索绪机构 10—丝鞭传动箱 11—新茧补充装置
12—落绪茧输送装置 13—给茧机 14—接绪翼电动机 15—园栅型分离机 16—摩擦板 17—自动缫丝机
18—小筻电动机 19—络交机构 20—落茧捕集器 21—无绪茧移送斗 22—有绪茧移送斗

对照图 3-3,可以简略描述蚕茧在缫丝机中的行程路线及缫丝过程。煮熟茧从煮茧机输入新茧补充装置 11 中,通过加茧斗移送入索绪部,由索绪机构 9 进行索绪;索绪后混有无绪茧的有绪茧,由有绪茧移送斗 22 移送到理绪部,经理绪机构(偏心盘粗理机构 7)理得正绪;理绪后,无绪茧和正绪茧分离,无绪茧由无绪茧移送斗 21 移入索绪部进行再索绪,正绪茧则被丝鞭及大筻 4 牵引到加茧部;正绪茧加茧斗根据自动探量机构 2 发来的指令,对给茧机 13 执行加茧操作(分不加、少加或多加三种情况);给茧机 13 沿自动缫丝部 17 运行,按要求添绪的信号执行给茧操作;自动缫丝部 17 中的落绪茧和蛹衬由落茧捕集器 20 排出,落到分离机上进行分离;经分离后的落绪茧通过落绪茧输送装置 12 送回索绪部进行再索绪,而蛹衬则被排出机外,送到副产品加工厂。

缫丝生产技术管理的主要内容是抓好生丝的质量、产量和缫折等指标。在保证生丝质量的前提下,尽一切可能节约原料茧,降低生产成本,提高劳动生产率。衡量生丝质量的综合指标,包括平均等级和正品率两类。生丝的平均等级是按生丝各项品质技术指标确定的,依照 GB/T 1797—2008 规定,主要检验项目包括外观、线密度偏差、匀度、清洁、切断、抱合、强伸力等。正品率是指整批生丝中正品所占的百分比。要提高正品率,必须尽量消除线密度出格、丝色不齐、夹花、黑点等问题。

缫丝产量是指缫丝机在一定时间内所缫得的生丝量,通常以台时产量表示,指一台缫丝机一小时所缫得的生丝量。立缫机一般每台每小时缫制生丝 125～150 g,自动缫丝机一般每台每小时缫制生丝 220～380 g。另外还有组时产量、千绪时产量和绪年产量等表示缫丝产量的指标。影响台时产量的因素主要有篓速、生丝线密度和小篓运转率等。篓速越大,产量越高。但篓速是不能无限增大的,它取决于原料茧性状、生丝等级、定粒数、添绪能力和机械性能。在同一篓速、运转率下,生丝线密度越大,产量就越高。因此在设计生丝规格时,采取偏粗设计的方法可以提高缫丝产量。

2. 实验步骤

(1) 由实验指导教师接通缫丝机电源,启动机器。

(2) 观察缫丝机的动力源及各传动系统的工作原理(能量流)。本机主传动采用变频无级调速、双侧驱动;索绪机构、理绪机构、新茧补充和分离机构采用独立电动机传动。各传动系统中运用了带轮传动、齿轮传动。

(3) 了解缫丝的基本生产工艺步骤,观察茧和丝在缫丝机上的行走路线(物料流),记录各工艺过程的工艺步骤名称及其作用;观察各工艺过程中的执行机构及动作。

(4) 关闭机器,静态观察机器主要机构。用手轻触丝线感受丝线的张力,同时观察丝的纤度控制机构。

3. 按规定格式完成实验报告

(略)

3.1.5 注意事项

(1) 实验时女生尽量不穿裙子;长发的同学必须把长发束起并向后盘起,避免长发卷入机器转动部件,造成危险。机器运转时,不能太靠近机器。

(2) 机器启动运行时,请勿动手触摸运动机件,不要随意打开机器的箱盖等,注意安全。

(3) 重点观察机器的结构和缫丝生产过程中的执行机构,如给茧机构、索绪机构、自动缫丝机构等的动作执行过程。

3.1.6　思考题

（1）缫丝机的机身很长，它是靠怎样的传动机构使机器运转的？运用了哪些传动零部件？有的执行部分为什么用电动机单独驱动？

（2）茧需要经过哪些机构部件、哪几个主要工艺才缫成丝线？

（3）生丝的纤度是靠机器的哪个机构控制的？这个机构如何实现纤度控制？

（4）在缫丝机中，你看到了哪些机械或电气方面的常用元器件？

3.2　纺纱机认知实验

日常服装面料中较多的是棉布。棉布是以棉花为原料先纺成纱线，再用纱线织造而成的面料。纺纱是棉布生产的第一道工艺，因此纺纱机是棉布生产过程中的首要机器。本实验以近二十年来发展最迅速的纺纱机——转杯纺纱机为认知实验对象。

3.2.1　实验目的与要求

实验目的是通过亲身观察转杯纺纱机的运转过程，非工科类大学生对纺织行业中的纺纱机械工作原理和各关键部件的作用及纺纱的工艺过程有基本了解，增强对纺织机械和纺纱生产的感性认识。同时增强对纺纱生产经营管理过程中常用的工艺参数及专业用语等概念的理解，如棉纺生产中产量、产值、棉纱、纱支等概念。

在实验中，要求学生注意观察纺纱机动力传递路线、棉纱在机器中的行走路线，了解纱线纤维度的控制原理，记住纺纱的工艺步骤及相应的专业用语。

3.2.2　实验内容

纺纱机整机结构认知；纺纱机传动装置及主要机构认知；纺纱生产工艺过程认知。

3.2.3　实验设备

RFRS10转杯纺纱机。

3.2.4　实验过程

1. 理论知识学习

转杯纺纱机纺制的纱称为转杯纱，可用于织造牛仔布、卡其布、灯芯绒、帆布、弹力牛仔、针织内衣、床上用品、装饰布等。转杯纱具有条干均匀、染色性好、膨松度及透气性好、吸湿性好、结杂少等优点。

在纺纱生产中涉及的主要专业名称和术语如下。

(1) 纱支　指纱的粗细程度。中国目前通用的还是"英制式",即一磅(454 g)重的棉纱(或其他成分纱),长度为 840 码(1 码=0.9144 米)时,纱的细度称为一支。如果一磅纱,其长度是 10×840 码,则其细度是 10 支,依此类推。英制式的表示符号是英文字母"S"。单纱的表示方法示例:32 支单纱表示为 32 S 。股线的表示方法示例:32 支股线(2 根并捻)表示为 32 S/2;42 支股线(3 根并捻)表示为 42 S/3。

(2) 线的捻度　指单位长度内的捻回数。通常用每英寸之捻回数目(TPI)或每米之捻回数目(TPM)表示。纱线加捻是为了使纱线具有一定的强力、弹性、延伸性、光泽、手感等物理机械性能。

(3) 纱的强力　用纱线被拉伸断裂时的负荷来度量,它随捻度的增大而增大。

(4) 纱的延伸性　指纱在受到张力作用时长度有所伸长的性质,一般以延伸度表示。纱的弹性延伸度愈大,则品质愈佳,所制成的织物愈耐用。

(5) 纱的不匀率　指细纱各片段上的某一项特性与该项特性平均值间的偏差或离散度。不匀率愈低,纱品质愈好。

(6) 纱的洁净度　表示纱中含有杂质、疵点数的指标。

(7) 锭子　习惯上以细纱锭子的数量表示纺纱厂的设备规模和生产能力。锭子的好坏又与纱线的质量、功率消耗、环境噪声、劳动生产率等密切相关。

由于加工工艺和设备的不同,棉纱根据不同的粗细、不同的捻度,主要分为普梳纱、精梳纱、环锭纱、气流纱等。

一般的成纱过程包括喂给、分梳、凝聚、加捻和卷绕等工序。喂给及分梳的作用是将喂入的棉条分解为单纤维状态,同时将棉条中的细小杂质排除,以达到提高质量、减少棉条断头的目的。凝聚加捻机构的作用是将分梳辊分解的单纤维从分离状态再重新凝聚成连续的须条,实现棉气分流,并加捻成纱,再由引纱机构引出以获得连续的纱线。

转杯纺纱机(见图 3-4)一般由电气箱、车头、车身、车尾、纺纱器、引纱卷绕机构等组成。电气箱由计算机控制系统和强电控制系统两大部分组成,是机器的控制部分。

图 3-4　转杯纺纱机

机器的动力传递过程具体如下:车头主传动系统通过变频器实现引纱轴、喂给轴的闭环实时控制。引纱卷绕机构的传动是由齿轮箱将主电动机经一级减速传递后的旋转运动传递给引纱轴和卷绕轴。喂给机构的传动是由齿轮箱将喂给电动机经一级减速后的旋转运动传递给左右喂给轴,通过调换传动轮实现喂给轴的分挡变速。车头左侧的左转杯龙带传动装置通过龙带向纺纱器转杯提供旋转运动,它主要由电动机、平皮带轮、导轮等构成。车头右侧的右分梳龙带传动装置通过龙带向纺纱器分梳辊提供旋转运动,它由电动机、平皮带轮、导轮构成。

机器的执行部分(见图3-5)完成纺纱过程,基本的纺纱工艺过程如下:棉条由条筒引出,经喂给集合器1进入喂给罗拉2和喂给板3的握持区,喂给板3受到弹性压力;在分梳辊4和固定喂给板5的作用下,棉条受到梳理,纤维和杂质分离;杂质通过排杂区6,抛落到杂质输送带上;被分解的纤维流在离心力和车尾风机抽气负压的作用下,经由输纤通道7和8,进入高速回转的转杯9,在转杯凝聚槽内并合成须条;须条在转杯回转作用下,通过假捻盘10和引纱管11,并在内阻捻器12的作用下,加捻成纱;经引纱罗拉13和胶辊14引出,并由卷绕系统15制成纱筒16。

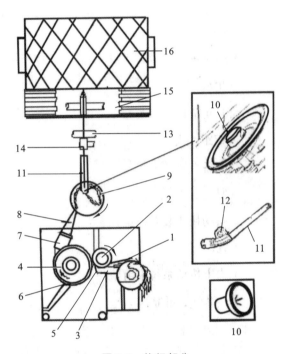

图 3-5 执行部分

1—喂给集合器 2—喂给罗拉 3—喂给板 4—分梳辊 5—固定喂给板 6—排杂区 7、8—输纤通道
9—转杯 10—假捻盘 11—引纱管 12—内阻捻器 13—引纱罗拉 14—胶辊 15—卷绕系统 16—纱筒

在纺纱生产管理中,纱线的质量和产量是两个关键的指标。棉纱是纺织纤维至织物之间的中间品,其质量的好坏直接影响织物的质量。检验棉纱质量的主要指标可概括为纱线的稳定性、异性纤维、色差、条干不匀率、粗细节、棉结、毛羽和强力等八个方面。棉纱的稳定性是指在批量生产中将纱线的各项指标控制在一定范围内的稳定程度。异性纤维会在布面上形成各种纱疵和色疵,降低生产效率和产品价格。色差产生的主要原因是原棉成熟度差异过大引起的纤维颜色和吸色率的差异,在混棉不匀时出现染色差异。条干不匀率是决定棉纱档次的首要指标,纱条不匀将影响织物的外观质量,它不仅能对整个纺纱工艺技术进行综合性评定,还直接影响整个企业的经济效益。转杯纺纱机的产量与线的捻度和转杯转速相关,当捻度一定时,提高转杯转速可以提高纺纱产量,而转杯转速与所纺纤维的长度、线密度及转杯的直径等有关。每个纺纱头每小时的理论产量 Q 可表示为

$$Q = 6 \times 10^{-5} \times V_{引} \times \text{tex}$$

式中:$V_{引}$——引纱罗拉线速度;tex——纺纱号数。

2. 实验步骤

（1）在机器不运转状态下，学生在教师指导下观察纺纱机的组成和结构，了解机器的控制部位、主要纺纱工作区间、动力源位置及动力传递机构等。

（2）启动机器，在机器运转状态下观察纺纱机，观察机器的动力传递过程（能量流），了解各主要机构的工作原理，熟悉主要零部件的名称及功能。

（3）观察纺纱的过程，注意从棉条到纱线的行走路线及其状态的变化（物料流），记录各工艺过程名称。

（4）关闭机器，再观察纺纱机的主要执行机构，用手轻轻感受纱线的张力和纤度，取下纱筒感受筒纱的卷绕纹路。

3. 按规定格式完成实验报告

（略）

3.2.5　注意事项

（1）实验时女生尽量不穿裙子；长发的同学必须把长发束起并向后盘起，避免长发卷入机器转动部件。机器运转时，不能太靠近机器。

（2）机器启动运行时，请勿动手触摸运动机件。不要随意打开机器的门、盖等，注意电气使用安全。

（3）重点观察机器执行机构工作过程、棉纱成形经过的主要零部件结构和材质。

3.2.6　思考题

（1）纺纱机是怎样运转的？其中运用了哪些传动装置或机构？主要的传动零部件有哪些？

（2）棉条经过哪几个主要零部件后才纺成纱线？

（3）在转杯纺纱机纺纱过程中，如出现断头，机器如何实现停止喂纱？

（4）纺纱产量除了与机器的转速有关，还与其他什么因素有关？

3.3　并纱机认知实验

3.3.1　实验目的与要求

实验目的是通过亲身观察并纱机的运转过程，非工科类大学生对纺织行业的织造准备机械之一——并纱机的工作原理、各关键部件作用及并纱工艺过程有所了解，增强对纺织机械特别是织造准备机械的感性认识。

在实验中，要求学生注意观察机器动力传递过程、纱线在机器中的行走路线，了解纱线张力和捻度的控制原理,记住并纱的工艺步骤及相应的专业术语名称。

3.3.2 实验内容

并纱机结构认知;并纱机传动装置和零部件认知;并纱工艺过程认知。

3.3.3 实验设备

RF231B(260)型并纱机(见图3-6)。

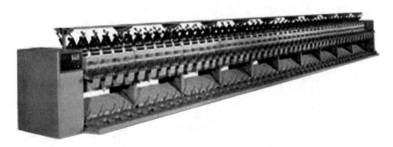

图3-6 RF231B(260)型并纱机

3.3.4 实验过程

1. 理论知识学习

原料纺成细纱后,大部分还得根据面料的需要,将单纱进一步加工成筒子纱、绞纱、股纱、花式线等。这些细纱工序以后的加工工序,称为后加工工序。后加工工序一般有络筒、并纱、捻线、摇纱、成包等。根据不同的产品要求,实施不同的加工工序。

并纱机的任务是将两根以上的单纱并合成各股张力均匀的多股纱,并卷绕成筒子,供捻线机用,以提高捻线机效率。它是捻线之前的准备工序。

在工艺过程中纱线张力是指作用在纱线轴向的拉力,其表现形式为纱线的紧张程度。

RF231B(260)型并纱机的组成结构如下。

机器的动力源:在机器的每一面单独装有电动机,电动机通过带轮和皮带传动使槽筒轴转动。

执行机构:卷绕成形、防叠、断头自停和张力装置等。

主要部件:机架、车头箱、张力装置、筒子架(包括压力补偿装置)、上下纱架、气动抬升部件、槽筒及控制系统(包括断头检测装置)等。车头箱是控制部分,主要安装有传动、气动及电气控制系统,是协调和控制所有部件运转的中心。张力装置用来调节纱线的卷绕张力,本机采用自重压盘式张力装置,主要通过选择不同类型张力垫片和增减张力垫片数量来控制纱线张力。筒子架与槽筒是完成纱线并合卷绕的重要部件,筒子架将筒管夹持在两筒管压盘之间,使筒管在槽筒的上方正确定位,并产生压紧力使筒管和槽筒接触,而槽筒的摩擦力驱动筒管转动。筒子架压力补偿装置的功能是调节筒子与槽筒之间的接触压力,以调节筒纱的卷绕密度或硬度。在筒纱卷绕直径增大时,压力补偿装置加以补偿,使整个筒子卷绕期间筒子内部张力趋于均匀。槽筒通过其上沟槽的引导把纱线均匀交叉卷绕在筒子上,卷绕线速度保持恒定。气动抬升部件的功能:断纱时断纱检测装置将信号反馈给电磁阀,这时气路接通,气缸推动气动铲将筒纱抬起。

并纱过程中纱线经过的工艺路线如下:

退解筒子—导纱钩—张力架瓷环—压盘式张力器—断纱检测器—集纱器—切丝器—导纱轮—导纱杆—卷取筒管。

根据后续纺织生产工艺的需要,有的并纱机带有加捻的功能,称为并捻机。一般的并捻机结构简图如图 3-7 所示。

并捻机工作流程:在纱架 1 的筒管插锭 2 上,插有并纱筒子 3,并纱从筒子上引出,经过水槽中的玻璃杆 4 和横动导杆 5,绕过下罗拉 6 和上罗拉 7,然后经导纱钩 8、平面式钢领 9 上的钢丝圈 10 而绕上线管 11,当钢丝圈被纱拖着随线管回转时,就使并纱加捻成捻线。锭子 12 的回转由滚筒 13 和锭带 14 传动实现。

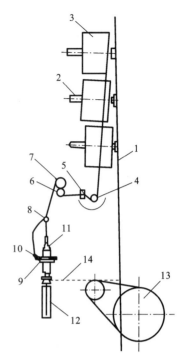

图 3-7 并捻机结构简图

1—纱架 2—筒管插锭 3—并纱筒子
4—玻璃杆 5—横动导杆 6—下罗拉
7—上罗拉 8—导纱钩 9—平面式钢领
10—钢丝圈 11—线管 12—锭子
13—滚筒 14—锭带

2. 实验步骤

(1) 在机器不运转状态下观察并纱机的组成和结构,察看机器的动力源位置、传动装置和执行机构、机器的控制部件、并纱的纱线工艺路线等。

(2) 启动机器,在机器运转状态下观察并纱机,观察机器的动力传递路线(能量流),了解各传动装置和执行机构的工作原理,记住其中主要零部件的名称。

(3) 察看并纱的过程,注意纱线的行走路线(物料流),记录纱线经过的各零件的名称,观察这些零件的材质。

(4) 关闭机器,再次观察并纱机的主要工作装置和机构,用手轻轻感受纱线的张力;取下卷绕筒子观察筒子上纱线的卷绕纹路,感受筒子的软硬度。

3. 按规定格式完成实验报告

(略)

3.3.5 注意事项

(1) 实验时女生尽量不穿裙子;长发的同学必须把长发束起并向后盘起,避免长发卷入机器转动部件,造成危险。

(2) 机器启动运行时,请勿动手触摸机器的运动机件,不要随意打开机器的门、盖等,要在教师的指导下操作,注意安全。

(3) 重点观察机器的并纱工作过程,了解并纱原理,观察卷绕机构零件的材质及卷绕筒子材质。

3.3.6　思考题

（1）并纱机的任务是什么？在并纱过程中为什么要控制各股线的张力均匀？

（2）有什么办法测试纱线的张力？

（3）感受一下细细的纱线的力量，你会觉得它无法与锯齿相比较吧，可是当它整日、整年地摩擦着所经过的零件，想想滴水穿石的效果，请思考纱线所经过的零件的材质应满足怎样的要求。

（4）卷绕筒管上能无限制地卷绕纱线吗？为什么？

（5）并捻机和并丝机的共同点是什么？区别在哪里？

3.4　倍捻机认知实验

3.4.1　实验目的与要求

实验目的是通过亲身观察倍捻机的运转过程，非工科类大学生对纺织准备机械中的倍捻机的工作原理、各关键部件的作用及捻纱工艺过程有所了解，增强对纺织工程设备特别是纺织准备机械的感性认识。

在实验中，要求学生注意观察机器动力传递过程、纱线在机器中的行走路线，了解纱线张力和捻度的控制原理，记住捻纱的工艺步骤及相应的专用术语。

3.4.2　实验内容

倍捻机组成和结构认知；倍捻机传动装置和主要机构认知；倍捻生产工艺过程认知。

3.4.3　实验设备

RF321E-225 型短纤倍捻机（见图 3-8）。

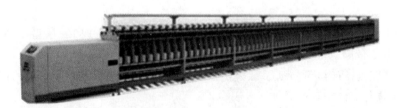

图 3-8　RF321E-225 型短纤倍捻机

3.4.4 实验过程

1. 理论知识学习

1）基本概念

（1）捻线工序 将两股或两股以上单纱合在一起，加上一定的捻度，加工成股线。经过捻线的股线比同样粗细的单纱强力高、均匀、耐磨，表面光滑美观，弹性、手感好。捻线涉及的工艺参数主要有股线股数、捻向、捻度。

（2）加捻 使丝线产生扭转变形，表面纤维扭转成螺旋线状，其实质是使丝线相邻两横截面之间绕轴线做相对回转运动，产生角位移。

（3）捻度 捻度（T）是加捻工序中的一个重要工艺参数，其含义是丝线单位长度内的捻回数。

2）倍捻机基本组成

倍捻机主要由三个功能部分组成，即动力部分、传动部分、执行（倍捻）部分。

（1）动力部分 包括电动机、二级传动轴、锭速变换带轮、电气控制箱、操作元件、显示器等。其主要作用是为机器提供源动力，使机器运转。

（2）传动部分 机器的动力在传动箱内通过各机构同时带动卷绕装置、超喂罗拉、横动导纱装置、抬升装置等运动。加捻锭子的高速转动是由龙带驱动的。龙带是纺织机械传动中所特有的柔性超长皮带，常常用于大批量相同转动件的集体传动。传动部分的主要作用是将动力部分的动力源传递到执行部分的各机构以实现执行动作。

（3）执行（倍捻）部分 机器两边工作结构对称，机架采用钣金结构，整机分成若干节，每节由若干个倍捻结构单元组成。倍捻结构单元由锭子制动装置、倍捻锭子、落针、卷取部分、筒子架、筒子自动抬升装置等组成。成套的倍捻锭子由三个部件组成，即锭子部件、盛纱罐部件和张力器锭翼部件。锭子部件主要起旋转、加捻作用，包括留头圆盘等旋转件、锭盘及其支承件。锭子中心为空心轴。盛纱罐部件的主要作用是盛放并纱筒子，并隔离并纱筒子退绕喂纱时产生的气圈（内气圈），避免其与引纱加捻时产生的气圈（外气圈）相互干扰，产生断头。张力器锭翼部件的主要作用是使喂入的纱条能顺利从并纱筒子退绕，平衡并纱筒子退绕时的气圈张力和引纱加捻时的气圈张力，以保持纱线张力在加捻过程中始终均匀一致。

3）倍捻机工作原理

倍捻机结构如图 3-9 所示。在生产时，将并纱筒子 2 放进倍捻机，并纱筒子正好紧套倍捻锭子的纱闸 4。从并纱筒子中找到并股纱纱头 1，穿过锭翼 3，从锭子 6 的顶端穿入胶囊式张力器（图 3-9 中未标出），由锭子空心轴 5 从留头圆盘 8 纱槽端的小孔 7 穿出，上引到导纱钩 11，经超喂辊 12、往复横动导纱器 13 绕到线筒 14 上。线筒由无锭纱架 15 上两个中心对准的筒管圆盘 16 夹住，放进无锭筒子架，线筒与摩擦辊 17 接触。摩擦辊高速转动与导纱器往复横动的复合运动，将获得倍捻后的线交叉卷绕到线筒上。

实验用机器适用于棉、毛、涤纶、腈纶及其混纺等纱线的加捻，可将 2 根或 3 根单纱加捻成股线并直接卷绕成锥形筒子或圆柱形筒子。倍捻机区别于普通捻线机，其锭子回转一周，纱线被加了两个捻回。其加捻原理（见图 3-10）如下。

并线筒子退绕出来的纱条 1 通过锭翼 2 上的纱眼 3，从锭子顶端的导纱帽 4 引入锭管空

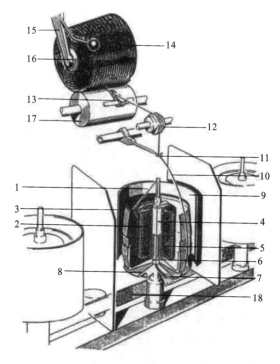

图 3-9   倍捻机结构示意图

1—并股纱纱头   2—并纱筒子   3—锭翼   4—纱闸   5—空心轴   6—锭子

7—小孔   8—留头圆盘   9—气圈罩   10—气圈   11—导纱钩   12—超喂辊

13—往复横动导纱器   14—线筒   15—无锭纱架   16—筒管圆盘   17—摩擦辊   18—龙带

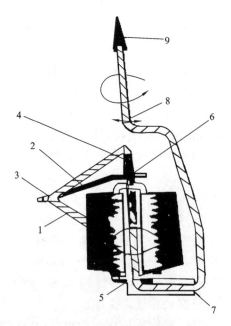

图 3-10   倍捻原理示意图

1—纱条   2—锭翼   3—锭翼上的纱眼   4—锭子导纱帽   5—锭管空心轴

6—空心轴径向孔   7—留头圆盘纱槽末端小孔   8—猪尾导纱钩   9—超喂辊

心轴 5,向下穿出空心轴径向孔 6,进入留头圆盘纱槽,从纱槽末端小孔 7 引到猪尾导纱钩 8 上。超喂辊 9 牵引纱条由摩擦辊卷绕成线筒。倍捻锭子每转一周,锭子导纱帽 4 成为握持点,空心轴径向孔 6 成为加捻点,给纱条在从 4 至 6 过程中加上一个捻回,加上一个捻回的纱条从 7 到 8,以猪尾导纱钩 8 为握持点,以纱槽末端小孔 7 为加捻点,再加上一个捻回。由于从 4 到 6 和从 7 到 8 过程中的加捻点 6 和 7 均在同一侧,故从 4 到 6 和从 7 到 8 过程中所加捻回的捻向相同。因此纱条在从 4 到 6 和从 7 到 8 的过程中,两个捻回区所加的捻回可以叠加。也就是说,倍捻锭子转一周,给引入的纱条加上了两个捻回,而且加上的两个捻回都是真捻。

2．实验步骤

(1) 在机器不运转状态下观察倍捻机的基本组成和结构,观察机器的控制部位、传动装置、捻线的行程及卷绕过程等。

(2) 启动机器,在机器运转状态下观察倍捻机的动力传递过程(能量流),了解各传动装置和机构的工作原理,了解主要零部件的名称。

(3) 观察捻线的工艺过程,注意纱线的行程路线(物料流),记录纱线经过的各零件的名称,观察锭子转动状态。

(4) 关闭机器,再次观察倍捻机的主要结构,用手轻轻感受纱线的张力和捻度。

(5) 取下纱筒,拆下锭子组件(锭托不拆),观察其具体结构。

3．按规定格式完成实验报告

(略)

3.4.5　注意事项

(1) 实验时女生尽量不穿裙子;长发的同学必须把长发束起并向后盘起,避免长发卷入机器转动部件,造成危险。

(2) 机器启动运行时,请勿动手触摸机器运动机件;不要随意打开机器的门、盖等,要在教师指导下操作,注意安全。

(3) 重点关注捻线的作用和倍捻的工作原理。

(4) 锭子和龙带是纺织机械常用部件,重点观察锭子的结构、龙带的材质。

3.4.6　思考题

(1) 倍捻机的任务是什么?纱线的捻度由机器上的哪些部件来控制?

(2) 当某个锭子上的纱线断头时,采用什么方式使锭子停止转动?

(3) 一般用锭子的数量来表示纺纱厂的生产能力,这个锭子指的是倍捻机上的锭子吗?

(4) 捻度要求与倍捻机的产量有什么关系?

拆装认知实验

拆装实验是学习机械制图课程的一个非常重要的实践环节,通过对各种零件的测绘,学生可以全面、系统地复习机械制图课程所要求掌握的基础理论、基本知识和基本技能,进一步提高绘图、读图的能力,为后续课程打下基础。本章介绍汽车发动机拆装、汽车变速器拆装及减速器拆装这三个实验,在拆装实训中,通过对不同零件的测绘,达到以下目的:

(1) 使学生掌握零件测绘的方法和步骤;

(2) 了解徒手画草图的意义;

(3) 掌握常用工具、量具的使用方法,能够根据测量数据、有关标准和手册确定标准件的规格和齿轮参数;

(4) 能正确选择配合、表面粗糙度和形位公差并进行标注;

(5) 进一步巩固在机械制图课程中掌握的绘图技能,使识图能力上一个新的台阶;

(6) 培养耐心细致的工作作风、科学严谨的工作态度和团队精神;

(7) 在零件的表达方法上有独到的见解,视图选择正确、布置合理;

(8) 弄清所测绘的装配体的工作原理,懂得各零部件的作用及各零部件间的装配连接关系;所绘图样要符合机械制图的标准,标准件要按标准画法、简化画法或比例画法绘制,并要标准化,要有正确的、较完整的尺寸标注与技术要求。

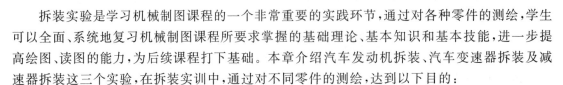

4.1　汽车发动机拆装实验

4.1.1　实验目的与要求

实验目的是通过动手拆装发动机总成,使学生基本理解、掌握:

(1) 发动机的组成及工作原理,曲柄连杆机构和配气机构的结构及工作原理;

(2) 燃烧室的形状、曲轴的支承形式、缸体的结构形式,以及发动机的拆装顺序,能够准确、完整地装复发动机;

(3) 常用的拆装工具、量具和拆装的专用工具的使用方法;

(4) 零部件的正确放置、分类及清洗方法。

通过对发动机构造和原理知识的掌握,学生所学机械基础知识得到应用拓展,观察能力、动手能力和知识综合应用能力得到很好的锻炼,可以为以后从事专业工作奠定一定的基础。

本实验是一个典型机械认知与综合训练实验,将理论教学融于实训中,在实验中要求学生仔细观察发动机的动力传递路线,并思索曲柄连杆机构和配气机构如何工作,综合分析发动机各组成机构和系统的结构关系及工作时的相互配合关系。

4.1.2 实验设备与工具

(1) 每组配备一个汽车拆装工具箱,主要包括以下常用工具:

开口梅花两用扳手(套)、活动扳手、套筒扳手(套)、管子扳手、扭力扳手、风动扳手、锤子、钳子(鲤鱼钳、尖嘴钳、卡簧钳)、螺丝刀(改锥)、剪刀、壁纸刀、手摇柄、火花塞套筒、活塞环钳、活塞销专用铳棒、气门弹簧压具、橡胶锤、铣子、錾子、撬棍、起拨器、铜棒、砂纸等。

(2) 发动机拆装翻转架,零件存放架,发动机总成拆装实训台。

(3) 发动机解剖试验台。

4.1.3 实验内容与原理

对发动机进行拆装,通过拆装实验熟悉所拆装发动机零部件(外围附件、曲柄连杆机构、配气机构等)的结构及其工作原理。

1. 发动机基本结构

发动机是一个由许多机构和系统组成的复杂机器。发动机通常由机体、曲柄连杆机构、配气机构、燃料供给系统、进排气系统、冷却系统、润滑系统、点火系统(柴油发动机没有点火系统)、起动系统等部分组成。单缸汽油发动机的总体构造如图 4-1 所示。

发动机的工作腔称作气缸,气缸内表面为圆柱形。在气缸内做往复运动的活塞通过活塞销与连杆的一端铰接,连杆的另一端则与曲轴相连,构成曲柄连杆机构。因此,当活塞在气缸内做往复运动时,连杆便推动曲轴旋转,反之同理。同时,气缸工作腔的容积也在不断地由最小变到最大,再由最大变到最小,如此循环不已。气缸的顶端用气缸盖封闭。在气缸盖上装有进气门和排气门,进、排气门是头朝下尾朝上倒挂在气缸顶端的。通过进、排气门的开闭实现向气缸内充气和向气缸外排气。进、排气门的开闭由凸轮轴控制。凸轮轴由曲轴通过齿形带、齿轮或链条驱动。进、排气门和凸轮轴及其他一些零件共同组成配气机构。通常称这种结构形式的配气机构为顶置气门配气机构。现代汽车内燃机无一例外都采用顶置气门配气机构。构成气缸的零件称作气缸体,支承曲轴的零件称作曲轴箱,气缸体与曲轴箱的连铸体称作机体。

(1) 曲柄连杆机构 曲柄连杆机构是发动机实现工作循环、完成能量转换的主要运动部件,由机体组、活塞连杆组和曲轴飞轮组等组成。

(2) 配气机构 配气机构的功用是根据发动机的工作顺序和工作过程,定时开启和关闭进气门和排气门,使可燃混合气或空气进入气缸,并使废气从气缸中排出,实现换气过程。

(3) 冷却系统 冷却系统的功用是将受热零件吸收的部分热量及时散发出去,保证发动机在最适宜的温度状态下工作。水冷发动机的冷却系统通常由冷却水套、水泵、风扇、散热器、节温器等组成。

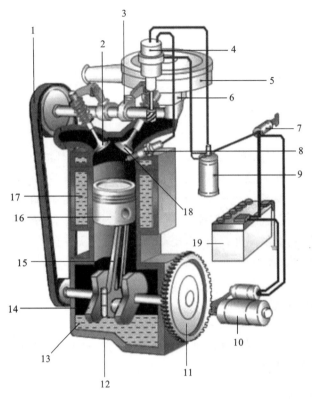

图 4-1　单缸汽油发动机总体构造

1—正时带　2—排气门　3—凸轮轴　4—分电器　5—空气滤清器　6—化油器
7—点火开关　8—火花塞　9—点火线圈　10—起动机　11—飞轮兼起动齿轮　12—油底壳
13—润滑油　14—曲轴　15—连杆　16—活塞　17—冷却水　18—进气门　19—蓄电池

（4）燃料供给系统　汽油发动机燃料供给系统的功用是根据发动机的要求,配制出一定数量和浓度的混合气,供入气缸,并将燃烧后的废气从气缸内排出到大气中去;柴油发动机燃料供给系统的功用是把柴油和空气分别供入气缸,在燃烧室内形成混合气并燃烧,最后将燃烧后的废气排出。

（5）润滑系统　润滑系统的功用是向做相对运动的零件表面输送定量的清洁润滑油,以实现液体摩擦,减小摩擦阻力,减轻机件的磨损,并对零件表面进行清洗和冷却。润滑系统通常由润滑油道、机油泵、机油滤清器和一些阀门等组成。

（6）点火系统　在汽油发动机中,气缸内的可燃混合气是靠火花塞点燃的,为此在汽油发动机的气缸盖上装有火花塞,火花塞头部伸入燃烧室。能够按时在火花塞电极间产生电火花的全部设备称为点火系统,通常包括蓄电池、发电机、分电器、点火线圈和火花塞等。

（7）起动系统　要使发动机由静止状态过渡到工作状态,必须先用外力转动发动机的曲轴,使活塞做往复运动。曲轴在外力作用下开始转动到发动机开始自动地怠速运转的全过程,称为发动机的起动过程。完成起动过程所需的装置,称为发动机的起动系统,主要由蓄电池、点火开关、起动继电器、起动机等组成。

（8）进排气系统　进气主要是指发动机吸入干净的空气,进气系统的重要零部件是空气滤清器;排气系统的主要作用是使排出的废气污染小,同时噪声减少,排气系统的重要零部件是排气管和消声器。

2. 发动机工作过程观察、原理分析

四冲程发动机在四个活塞行程内完成进气、压缩、做功和排气等四个过程,即在一个活塞行程内只进行一个过程。因此,活塞行程可分别用四个过程命名。

观察发动机解剖试验台,掌握四冲程发动机工作原理。

(1)进气行程 活塞在曲轴的带动下由上止点移至下止点。此时排气门关闭,进气门开启。在活塞移动过程中,气缸容积逐渐增大,气缸内形成一定的真空度。空气和汽油的混合物通过进气门被吸入气缸,并在气缸内进一步混合形成可燃混合气。

(2)压缩行程 进气行程结束后,曲轴继续带动活塞由下止点移至上止点。这时,进、排气门均关闭。随着活塞移动,气缸容积不断减小,气缸内的可燃混合气被压缩,其压力和温度同时升高。

(3)做功行程 压缩行程结束时,安装在气缸盖上的火花塞产生电火花,将气缸内的可燃混合气点燃,火焰迅速传遍整个燃烧室,燃烧同时放出大量的热能。燃烧气体的体积急剧膨胀,压力和温度迅速升高。在气体压力的作用下,活塞由上止点移至下止点,并通过连杆推动曲轴旋转做功。这时,进、排气门仍旧关闭。

(4)排气行程 排气行程开始,排气门开启,进气门仍然关闭,曲轴通过连杆带动活塞由下止点移至上止点,此时膨胀过后的燃烧气体(或称废气)在其自身剩余压力作用和活塞的推动下,经排气门排出气缸之外。当活塞到达上止点时,排气行程结束,排气门关闭。

4.1.4 实验方法和步骤

以桑塔纳2000AJR型汽油发动机为例介绍实验方法和步骤。

1. 拆卸发动机的外围附件

(1)拆下油底壳放油螺栓,将油底壳润滑油排净。

(2)拆卸发电机、火花塞及分电器,如图4-2所示。

(3)拆下正时带(拆卸步骤见图4-3)。

① 转动曲轴,使第1缸活塞处于上止点位置,此时,曲轴驱动带轮上的标记应与正时带下防护罩上的标记对齐;

② 拆下正时带的上防护罩;

③ 将凸轮轴正时带轮上的标记对准正时带上防护罩上的标记;

④ 拆下曲轴驱动带轮;

⑤ 分别拆下正时带中间防护罩和下防护罩;

⑥ 用粉笔在同步带上做好方向记号;

⑦ 松开张紧轮安装螺栓,拆下正时带。

注意事项:

(a)正时带拆卸后,为保证再次使用时按原方向组装,应用粉笔在正时带背面标上转动方向。

(b)把张紧轮弹簧安装螺栓拧回三圈。

(c)用钳子夹住张紧轮一侧的张紧轮弹簧的端部,从张紧轮支架钩上卸下弹簧。

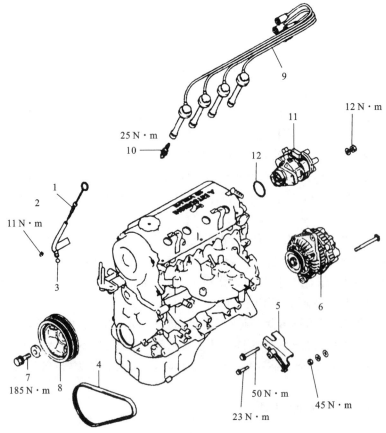

图 4-2　发电机、火花塞及分电器的拆卸步骤

1—油尺　2—油尺导管　3、12—O形密封圈　4—发电机皮带　5—发电机支承板　6—发电机

7—曲轴皮带轮螺栓　8—曲轴皮带轮　9—高压线　10—火花塞　11—分电器

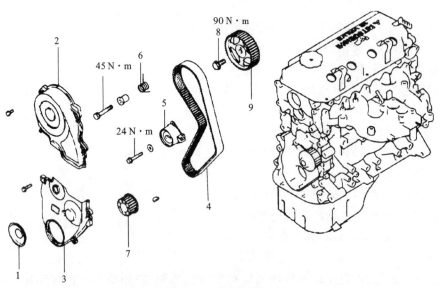

图 4-3　正时带的拆卸步骤

1—法兰盘　2—正时带上防护罩　3—正时带下防护罩　4—正时带　5—张紧轮

6—张紧轮弹簧　7—曲轴正时带轮　8—凸轮轴正时带轮螺栓　9—凸轮轴正时带轮

（4）从发动机总成上拆下进气歧管、排气歧管。

① 拔下各缸喷油器上的插接器，从燃油分配管上拆下各缸喷油器；

② 拔下各缸的高压线；

③ 拔下空气进气软管和曲轴箱通风管；

④ 拔下气缸盖后的小软管；

⑤ 拔下气缸盖后冷却液管凸缘和上冷却液管之间的冷却液软管；

⑥ 拔下上冷却液管与散热器之间的冷却液软管；

⑦ 松开进气歧管支架的紧固螺栓；

⑧ 拆下进气歧管和气缸盖之间的连接螺栓，拆下进气歧管；

⑨ 拆下排气歧管和气缸盖之间的连接螺栓，拆下排气歧管。

（5）从发动机总成上拆下水泵。

（6）拆下机油滤清器。

注意事项：

（a）发动机附件的拆卸一般没有固定的拆卸顺序，根据方便拆卸即可。

（b）拆下火花塞后，及时用干净的布将火花塞孔塞住，以免灰尘、杂物等进入气缸内。

2. 拆卸发动机机体组

（1）拧下气缸盖罩的连接螺栓，取下气缸盖罩及密封垫，并将摇臂、凸轮轴从气缸盖上拆卸下来。

（2）拆卸气缸盖总成，取下气缸垫。

注意事项：使用 10 mm、12 号的套筒扳手拧松各气缸盖螺栓，按图 4-4 所示顺序，对称、交叉、分 2～3 次拧松气缸盖螺栓。

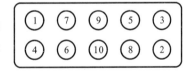

图 4-4　气缸盖螺栓松开顺序

（3）依次拆卸油底壳、机油泵总成（包括机油集滤器）。

① 摇转发动机拆装翻转架，将发动机倒置；

② 从两端向中间，对称、交叉、分次拧松油底壳连接螺栓，取下油底壳及密封衬垫；

③ 拆下机油泵固定螺栓，拆下机油泵及链轮总成。

注意事项：在油底壳与气缸体之间，用力地敲进专用工具，锤击专用工具的一侧，使专用工具沿油底壳滑动，以卸下油底壳。

3. 拆卸活塞连杆组

（1）对活塞做标记、编号，摇转发动机拆装翻转架，将发动机侧置。

（2）转动曲轴，使第 1、4 缸的活塞处于下止点位置。

（3）分次拧松第 1 缸的连杆螺栓，取下连杆盖。

（4）用手锤木柄顶住连杆体一侧，推出活塞连杆组。

注意事项：取出活塞连杆组后，将连杆盖、连杆螺栓按原位装复。

（5）用同样的方法拆下第 4 缸的活塞连杆组。

（6）转动曲轴，使第 2、3 缸的活塞处于下止点位置，分别拆下第 2、3 缸的活塞连杆组。

4. 拆卸曲轴飞轮组

（1）摇转发动机拆装翻转架，将发动机倒置。

（2）用专用工具固定曲轴，对角、交叉、分次拧松离合器固定螺栓，拆下离合器总成。

（3）用专用工具固定飞轮，拆下飞轮固定螺栓，拆下飞轮。

（4）用专用工具固定曲轴，拆下曲轴正时带轮固定螺栓，拆下曲轴正时带轮。

（5）分别拆下曲轴前、后油封法兰，从曲轴前、后油封法兰上取下油封。

（6）从两端向中间分次拧松曲轴主轴承连接螺栓，依次取出各主轴承盖。

注意事项：拆卸主轴承盖前，应检查主轴承盖上是否有安装标记。若无，应打上安装标记，以免装错。

5. 气缸盖总成的拆卸和组装

1）气缸盖总成的拆卸

（1）将气缸盖总成放置在拆装平台上。

（2）固定凸轮轴，拆下凸轮轴正时带轮固定螺栓，从凸轮轴上取下半圆键。

（3）对角、交替、分次拧松轴承盖连接螺母，依次取下各道凸轮轴轴承盖，按顺序摆放，以免错乱。

（4）取下凸轮轴。

（5）用磁性棒依次吸出各个液力挺柱，按顺序放好，以免错乱。

（6）用专用气门弹簧压具压下气门弹簧，取出气门锁片，取下气门弹簧座、气门弹簧，取出气门，从气门导管上拆下气门油封。

（7）按顺序依次拆下各气门组零件，按顺序摆放。

（8）用手锤和专用铳棒依次拆出气门导管，或用专用起拔器拉出气门导管。

2）气缸盖总成的组装

（1）将气缸盖放置在拆装台上。

（2）在气门导管外表面涂抹机油（润滑油），从气缸盖上端将气门导管压入气缸盖。

（3）用专用工具装上气门油封，装上气门、气门弹簧、气门弹簧座。

（4）用专用气门弹簧压具压下气门弹簧，将两个锁片安装在气门杆尾部的环槽内，松开专用气门弹簧压具，用橡胶锤轻轻敲击气门杆顶端，以保证锁片锁止到位。

（5）用同样方法依次装复其他气门组零件，检查气门密封性。

（6）清洁和润滑液力挺柱、凸轮轴轴承、凸轮轴轴颈表面。

（7）按原位置装回液力挺柱，保证对号入座。

（8）将凸轮轴装回气缸盖上，转动凸轮轴，使第1缸进气凸轮朝上。

（9）依次装复各凸轮轴轴承盖，拧上凸轮轴轴承盖连接螺母。

注意事项：先对角、交替、分次拧紧第2、4轴承盖连接螺母，再对角、交替、分次拧紧第5、1、3轴承盖连接螺母，拧紧至规定的力矩100 N·m。

（10）装上凸轮轴密封圈。

（11）将半圆键装在凸轮轴上，压回凸轮轴正时带轮，以100 N·m的力矩拧紧固定螺栓。

6. 活塞连杆组的分解和组装

1）活塞连杆组的分解
（1）用活塞环拆装钳从上向下依次拆下活塞环。
（2）用专用挡圈卡钳拆下活塞销两端的卡簧。
（3）用专用铳棒拆下活塞销。
（4）拆下连杆螺栓、连杆盖，拆下连杆轴承。

2）活塞连杆组的组装
（1）在活塞销座孔、活塞销、连杆小头衬套内涂抹机油。
（2）将活塞销推入活塞销座孔并稍微露出，将连杆小头伸入活塞销座之间，使连杆小头孔对准活塞销，大拇指用力将活塞销推到底，在活塞销座孔两端装入限位卡簧。
注意事项：活塞裙部的箭头和连杆上的凸点应在同一侧。
（3）用活塞环拆装钳依次装入组合式油环、第 2 道气环（锥形环）、第 1 道气环（矩形环），并使活塞环的开口错开一定的角度，形成"迷宫式"密封。
注意事项：活塞环的"TOP"标记必须朝上（活塞顶部），第 1 道气环开口与活塞销轴线成 45°且不在活塞的承压面一侧，各道活塞环的开口相互错开 120°，油环的两刮片的开口方向互相错开 180°。

7. 曲柄连杆机构的装配

1）曲轴飞轮组的安装
（1）将发动机机体安装在发动机拆装翻转架上，摇转翻转架，将发动机倒置。
（2）用压缩空气疏通各润滑油道。
（3）清洁机体平面和气缸、曲轴主轴承孔、凸轮轴轴承孔等的主要装配面。
（4）在轴承座上依次装复各道上主轴承，清洁后在工作表面涂机油。
（5）在第 3 道主轴承孔的两侧面装上两片止推片。
（6）清洁曲轴各道轴颈表面并涂上机油，将曲轴安装在机体上。
（7）在主轴承盖上依次装复各道下主轴承，清洁后在工作表面涂机油，依次装复到各主轴承座上，装上主轴承连接螺栓。
（8）用扭力扳手按从中间向两边的顺序分 2～3 次拧紧各道主轴承盖的螺栓，最后拧紧至规定扭矩 65 N·m，再加转 90°。
（9）将曲轴前油封装入前油封法兰的孔中，将曲轴后油封装入后油封法兰的孔中。装油封前在油封外表面涂一层密封胶，油封装入后在油封法兰与机体接触的一面涂上密封胶，在油封刃口涂一薄层机油。
（10）装上前、后油封法兰，以 16 N·m 的力矩拧紧前、后油封法兰固定螺栓。
（11）检测曲轴的轴向间隙。检测时，用撬棒将曲轴撬向后端极限位置，在曲轴前端面处安装一只千分表，将千分表调零，再将曲轴撬向前端极限位置，千分表的摆动量即为曲轴的轴向间隙。装配新止推片的间隙为 0.07～0.21 mm，磨损极限为 0.30 mm；若曲轴轴向间隙过大，应更换止推垫片。
（12）装上曲轴后滚针轴承和中间支板。
（13）压回曲轴正时带轮，拧紧固定螺栓。

（14）装上飞轮，对角、交叉、分次拧紧飞轮固定螺栓，最后拧紧至规定扭矩 60 N·m，再加转 90°，并予以锁止。

（15）用专用工具固定曲轴，用专用工具将从动盘定位在离合器压盘和飞轮的中心，对角、交叉、分次拧紧离合器固定螺栓，最后拧紧至规定扭矩 25 N·m。

2）安装活塞连杆组

（1）摇转发动机拆装翻转架，将发动机侧置。

（2）清洁气缸内壁、活塞连杆组，在各气缸的内壁、活塞裙部、连杆衬套表面涂抹机油。

（3）转动曲轴，使第 1、4 缸连杆轴颈处于上止点位置。

（4）用活塞环卡箍加紧第 1 缸活塞环，用手锤木柄将活塞推入气缸，使连杆大头落在连杆轴颈上。继续用手锤木柄顶住活塞，转动曲轴，使曲轴连杆轴颈转到下止点位置。

注意事项：活塞裙部的箭头和连杆上的凸点必须朝向发动机前端。

（5）润滑螺纹和接触表面，装上连杆盖，拧上连杆螺栓，分 2 次拧紧连杆螺栓，最后拧紧至规定扭矩 30 N·m，再加转 90°。

注意事项：装复连杆盖时，按原装配记号对号入座，并使连杆盖上的凸点超前，同时连杆盖与连杆体上的凸点在同一侧，连杆轴承上定位槽也必定在同一侧，安装时不要使用密封剂。连杆螺栓一经拆卸，必须更换。每拧紧一道连杆螺栓，都应转动曲轴几圈，转动中不得有卡滞现象。

（6）用同样的方法装复第 4 缸的活塞连杆组。

（7）转动曲轴，使第 2、3 缸的连杆轴颈处于上止点位置，用同样的方法分别装复第 2、3 缸的活塞连杆组。

8. 依次安装机油泵总成、油底壳

（1）用汽油将油底壳内部清洗干净。

（2）安装机油泵总成。

（3）对正放平油底壳衬垫（更换新的油底壳衬垫），在衬垫上涂抹密封胶。

（4）托起油底壳，从中间向两边，分 2 次拧紧油底壳连接螺栓。

（5）拧紧油底壳放油螺栓。

9. 气缸盖总成的安装

（1）摇转发动机拆装翻转架，将发动机正置。

（2）转动曲轴，使第 1 缸活塞处于上止点位置。

（3）装上气缸垫，使有标号（配件号）的一面朝上。

（4）装上气缸盖总成。先中间后对角，对称、交叉，分 2～3 次拧紧气缸盖螺栓，如图 4-5 所示。

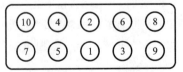

图 4-5　气缸盖螺栓拧紧顺序

（5）插上霍尔传感器、机油压力传感器、水温传感器的插接器。

（6）装上气门罩盖，装上压条和支架，拧紧气门盖罩连接螺母。

10. 发动机外围附件的安装

（1）水泵总成的装复。

① 装上新的 O 形密封圈（安装时必须用冷却水浸湿）；

② 装上水泵总成，拧紧水泵的固定螺栓。

（2）安装机油滤清器，安装机油加注管，插入机油游标尺。

（3）进、排气歧管的装复。

① 装上新的排气歧管密封衬垫，装上排气歧管，以 20 N·m 的力矩拧紧排气歧管固定螺栓；

② 装上新的进气歧管密封衬垫，装上进气歧管，以 20 N·m 的力矩拧紧进气歧管固定螺栓；

③ 装上进气歧管支架，拧紧支架紧固螺栓；

④ 将喷油器装在燃油分配管上，并使导线插接器朝外，卡上卡簧；

⑤ 将喷油器和燃油分配管一起安装在进气歧管相应位置上，以 15 N·m 的力矩拧紧燃油分配管固定螺栓；

⑥ 插上各缸喷油器上的插接器；

⑦ 插上各缸的高压分缸线；

⑧ 装上冷却液管与散热器之间的冷却液软管；

⑨ 装上气缸盖后冷却液凸缘和上冷却液管之间的冷却液软管；

⑩ 装上气缸盖后的小软管；

⑪ 装上曲轴箱通风管。

（4）正时带的安装。

安装按与拆卸相反的顺序进行。

① 转动曲轴，使所有活塞都不在上止点位置，以免损坏气门及活塞；

② 转动凸轮轴，使凸轮轴正时带轮上标记对准正时带后上防护罩上的标记；

③ 转动曲轴，使曲轴正时带轮上止点标记与参考标记对齐；

④ 如图 4-6 所示，将正时带安装到曲轴正时带轮和水泵正时带轮上；

⑤ 调整半自动张紧轮的位置，使定位块嵌入气缸盖上的缺口内；

⑥ 将正时带安装到张紧轮和凸轮轴正时带轮上；

⑦ 逆时针转动张紧轮，直到可以使用专用工具；

⑧ 松开张紧轮，直到指针位于缺口下方约 10 mm 处；旋紧张紧轮，直到指针和缺口对齐，以 15 N·m 的力矩拧紧张紧轮上的锁紧螺母；

⑨检查同步带张紧力，用拇指用力弯曲正时带，指针应移向一侧；放松正时带，张紧轮应回到初始位置（指针和缺口对齐）；

⑩ 转动曲轴，检查曲轴正时带轮、凸轮轴正时带轮上的正时标记是否同时与相应的参考标记对准，如不对准应重新安装正时带；

⑪ 安装正时带下防护罩；

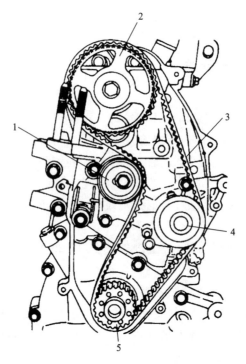

图 4-6　正时带的安装示意图

1—张紧轮　2—凸轮轴正时带轮　3—张紧侧皮带　4—水泵正时带轮　5—曲轴正时带轮

⑫ 安装曲轴驱动带轮；

⑬ 安装正时带中间防护罩和上防护罩。

（5）发电机、火花塞、分电器的安装。

① 转动曲轴使第 1 缸的活塞位于压缩上止点；

② 将分电器支架的正时记号与连接键的正时记号对齐；

③ 装上各缸火花塞，安装机油泵分电器传动轴总成，安装分电器座、分电器，插上各缸分缸线、中央高压线；

④ 装上发电机及发电机支架总成，调整发电机皮带的挠度至规定值，新皮带挠度为 7.5～8.5 mm，旧皮带的挠度为 9.5 mm。

4.1.5　注意事项

（1）学生在听从实验指导教师讲解并了解实验安全要求和设备使用方法后方可进行实验。

（2）移动实验设备时请先确认万向轮装置处于"ON"还是"OFF"状态。应将手柄置于"OFF"后再移动，移动时请注意人身安全及设备安全。

（3）禁止拆除任何安全装置，以确保实验安全。

（4）必须按照前述拆装顺序进行拆装，一般按由表及里的顺序逐级拆卸。

（5）使用专用拆装工具。为了提高拆装效率，减少零部件的损伤和变形，应使用专用工具，严禁任意敲击设备和零部件。

（6）对拆卸的重部件要轻放、稳放,并小心防止砸伤自己或别人。

（7）拆卸时应考虑装配过程方便,做好装配准备工作:注意检查校对装配标记;按分类、顺序摆放零部件。

（8）组装时,必须做好清洁工作,尤其是重要的配合表面、油道等的清洁工作。

4.1.6　思考题

（1）为什么有的发动机气缸盖螺栓为非标准螺栓?

（2）油底壳有何作用?

（3）曲柄连杆机构的组成及作用是什么? 配气机构的组成及作用是什么?

（4）发动机是如何完成进气、压缩、做功和排气等四个工作过程的?

（5）正时齿轮有何作用? 如何修改进气提前角?

（6）曲轴和凸轮轴的传动比是多少? 为什么? 能否对照凸轮轴、气门组、曲柄连杆机构讲解配气机构如何配合曲柄连杆机构实现准时提供可燃混合气和及时排除废气?

（7）活塞销是如何润滑的?

（8）化油器与电喷这两种发动机节气门结构及作用有何不同?

4.2　汽车变速器拆装实验

4.2.1　实验目的与要求

（1）了解大众 01N 型自动变速器的基本组成、主要构造和工作原理。

（2）学会正确使用拆装自动变速器的工具。

（3）掌握大众 01N 型自动变速器的拆装方法。

（4）熟悉大众 01N 型自动变速器各组部件的名称、安装位置和装配关系等。

4.2.2　实验内容

对大众 01N 型自动变速器进行拆装,在拆装过程中,掌握大众 01N 型自动变速器的拆装顺序和拆装方法、不同组件的拆装要求和拆装技巧等。注意观察零部件的外形特点、各组件之间的连接关系等,分析大众 01N 型自动变速器内部的工作过程。

4.2.3　实验设备与工具

大众 01N 型自动变速器一台;实验台架一套;常用丁字套筒和花型套筒一套;大小一字螺丝刀,大的为穿心螺丝刀;塞尺一把;专用工具一套;放置小零件的托盘若干。

4.2.4 大众 01N 型自动变速器的结构组成及工作原理

1. 大众 01N 型自动变速器的结构特点和组成

该自动变速器为前驱形式,适用于发动机纵置的车型,如帕萨特 B5 和桑塔纳 2000。该型号的自动变速器中包含差速器装置,也称为变速驱动桥。大众 01N 型自动变速器主要由以下几部分组成:液力元件、控制机构、变速机构、主传动机构、变速器壳体及相关附件等,如图 4-7 所示。

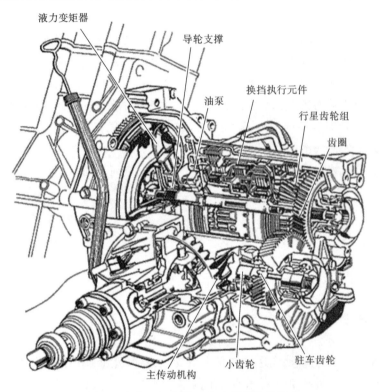

图 4-7 大众 01N 型自动变速器的结构组成

（1）液力元件 主要包括液力变矩器和油泵等,用于动力传递及提供液压元件的源动力。液力变矩器通过螺栓与发动机飞轮相连。液力变矩器后面为变速器端盖,内有由液力变矩器驱动的变速器油泵。

（2）控制机构 包括电子控制和液压控制两部分。电子控制部分包括电子控制单元及相应的传感器和执行元件;液压控制部分包括液压控制阀体等。

（3）变速机构 包括换挡执行元件和行星齿轮机构。

① 换挡执行元件由三个离合器(K1、K2、K3)、两个制动器(B1、B2)和一个单向离合器(F)组成,如图 4-8 所示。

② 行星齿轮机构采用拉维娜式行星齿轮机构,由一长一短两组行星齿轮和一大一小两个太阳齿轮组成,其中两组行星齿轮装在同一行星架上,齿圈只与长行星齿轮啮合。按齿数由少到多排列依次为:小太阳齿轮、大太阳齿轮、齿圈、短行星齿轮、长行星齿轮。依据这些齿轮的齿数和传递路线的变化实现传动比和挡位的变更。小太阳轮驱动短行星齿轮,短行星齿轮驱

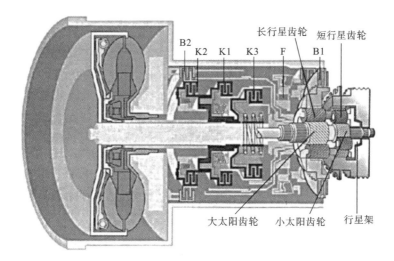

图 4-8 大众 01N 型自动变速器的换挡执行元件
K1——一挡三挡离合器 K2——直、倒挡离合器 K3——高挡离合器
B1——低、倒挡制动器 B2——二、四挡制动器 F——单向离合器

动长行星齿轮,长行星齿轮驱动齿圈,动力由齿圈输出。

在拉维娜式行星齿轮机构和离合器组件之间有传力连接元件,如大、小传动轴等。大太阳齿轮、小太阳齿轮、行星架均可通过离合器与输入轴相连,作为动力输入元件;大太阳齿轮和行星架通过制动器与壳体相连,单向离合器连接在行星架和变速器壳体之间。齿圈作为动力输出元件,与圆柱斜齿轮(主动齿轮)连接,通过一对圆柱斜齿轮的啮合传动,将动力传递到主减速器和差速器总成,如图 4-9 所示。

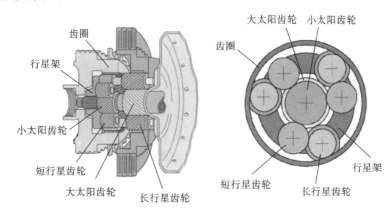

图 4-9 拉维娜式行星齿轮机构

（4）主传动机构 包括输入小齿轮、输出齿轮、小齿轮轴、差速器及输出法兰等。

（5）变速器壳体及相关附件 包括变速器壳体、油底壳、驻车锁止机构等。变速器内部有两个分割的箱体,即变速机构腔和主减速器及差速器腔。壳体下方为油底壳,储存自动变速器油(ATF),同时形成密封,保护安装在壳体底面的阀体和进油滤网。

2. 大众 01N 型自动变速器的换挡原理

1）各换挡执行元件的功用

大众 01N 型自动变速器内部的动力传动元件、执行元件及其连接关系如图 4-10 和表 4-1

所示。

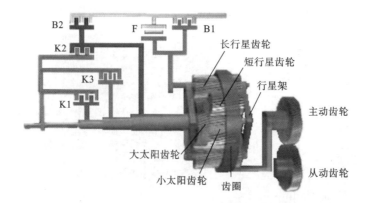

图 4-10　大众 01N 型自动变速器的施力装置装配关系简图

表 4-1　换挡执行元件工作表

执行元件	K1	K2	K3	B1	B2	F
一挡	●					●
二挡	●				●	
三挡	●		●			
四挡			●		●	
倒挡		●		●		
低挡	●			●		

其中,K1(一至三挡离合器)连接输入轴与小太阳齿轮,在一、二、三挡时驱动小太阳齿轮旋转;K2(直、倒挡离合器)连接输入轴与大太阳齿轮,在三挡和倒挡时驱动大太阳齿轮旋转;K3(高挡离合器)连接输入轴与行星架,在三、四挡时驱动行星架旋转;B1(低、倒挡制动器)在手动一挡和倒挡时制动行星架;B2(二、四挡制动器)在二、四挡时制动大太阳齿轮;F(低挡单向离合器)在一挡时单向制动行星架,防止行星架逆转。

2)各挡动力传递路线

(1)空挡传递路线。

空挡时,所有离合器、制动器和单向离合器均不起作用,各元件均不受约束而自由转动,此时变速器不能传递动力。

(2)一挡传递路线。

一挡时,K1(一至三挡离合器)和 F(低挡单向离合器)参与工作,输入轴旋转驱动 K1 的离合器毂,K1 处于结合状态时,驱动小太阳齿轮转动,F 阻止行星架左转,使行星轮只能自转不能公转。小太阳齿轮驱动短行星齿轮逆时针转动,短行星齿轮驱动长行星齿轮顺时针转动,长行星齿轮驱动齿圈与输出轴顺时针转动。此时输出转速明显低于输入轴转速,形成一挡传递路线,传动比约为 2.5∶1,如图 4-11 所示。

(3)二挡传递路线。

二挡时,K1(一至三挡离合器)和 B2(二、四挡制动器)参加工作。B2 固定住 B1(低、倒挡制动器)毂,也就固定了驱动套和大太阳齿轮。K1 驱动小太阳齿轮旋转,小太阳齿轮驱动短

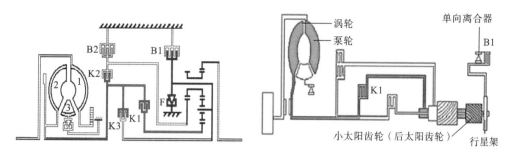

图 4-11　一挡传递路线

行星齿轮逆时针转动,短行星齿轮驱动长行星齿轮顺时针转动,长行星齿轮围绕不动的大太阳齿轮公转,长行星齿轮公转驱动齿圈和输出轴顺时针降速转动,传动比约为 1.5∶1,如图 4-12所示。

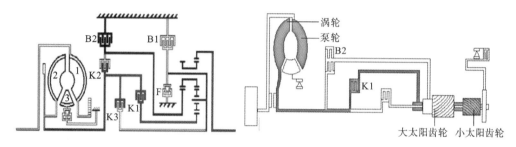

图 4-12　二挡传递路线

(4) 三挡传递路线。

三挡时,K1(一至三挡离合器)、K2(直、倒挡离合器)和 K3(高挡离合器)参加工作。K1 驱动小太阳齿轮转动,K2 驱动大太阳齿轮转动,K3 驱动行星架转动,行星架和两个太阳齿轮同步转动,形成直接挡输出,传动比为 1∶1,如图 4-13 所示。

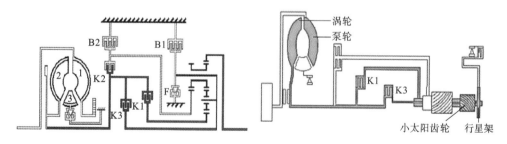

图 4-13　三挡传递路线

(5) 四挡传递路线。

四挡时,B2(二、四挡制动器)和 K3(高挡离合器)工作。B2 固定大太阳齿轮,K3 驱动行星架转动,长行星齿轮驱动齿圈和输出轴转动,形成超速挡转动,传动比为 0.75∶1,如图 4-14 所示。

(6) 倒挡传递路线。

倒挡时,K2(直、倒挡离合器)和 B1(低、倒挡制动器)工作。K2 驱动大太阳齿轮转动,B1固定行星架,顺时针旋转的大太阳齿轮驱动长行星齿轮逆时针转动,长行星齿轮驱动齿圈和输出轴顺时针转动,传动比约为 2∶1,如图 4-15 所示。

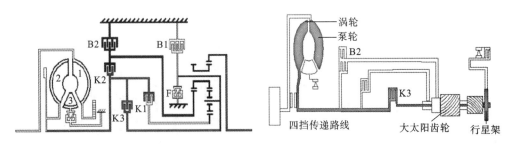

图 4-14　四挡传递路线

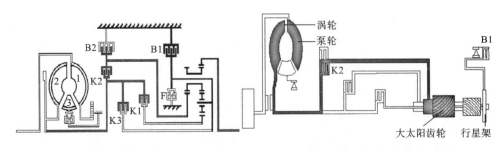

图 4-15　倒挡传递路线

（7）手动一挡传递路线。

手动一挡时，K1（一至三挡离合器）和 B1（低、倒挡制动器）参加工作。K1 驱动小太阳齿轮转动，B1 固定行星架，如图 4-16 所示。

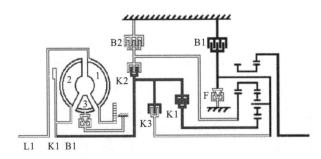

图 4-16　手动一挡传递路线

4.2.5　大众 01N 型自动变速器的拆卸

1. 拆卸步骤

（1）拆下自动变速器密封塞和 ATF 溢流管，排除 ATF，如图 4-17 所示。

（2）拆下液力变矩器。

（3）用螺栓 1 和螺栓 2 将自动变速器固定到安装架上，如图 4-18 所示。

（4）拆下变速壳体上带密封垫圈的端盖，此盖是压入变速器后端孔上的。注意另一后端盖为变速器输出轴后端盖，不要拆错，如图 4-19 所示。

（5）拆下油底壳，然后拆下自动变速器油滤网，如图 4-20 所示。

（6）拆下阀体上的传输线，如图 4-21 所示。

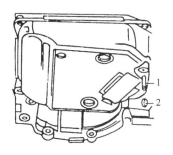

图 4-17 拆卸密封塞和溢流管
1—溢流管 2—螺栓

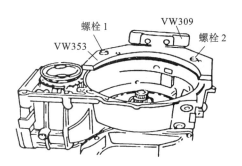

图 4-18 固定变速器至安装架

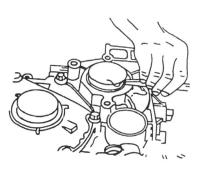

图 4-19 拆卸带密封垫圈的端盖

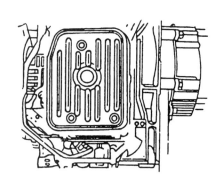

图 4-20 拆卸油底壳和油滤网

（7）拆卸阀体脱钩操作杆：拆下阀体时,手动换挡阀仍然保留在阀体中,拨动手动换挡阀直至它与操作杆脱钩,固定手动换挡阀,使它不脱落,如图 4-22 所示。

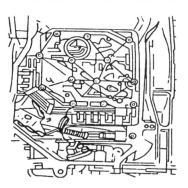

图 4-21 拆卸阀体上的传输线

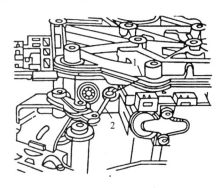

图 4-22 拆卸阀体脱钩操作杆
1—手动换挡阀 2—操作杆

（8）拆下 B1 密封塞,取出位于阀体下、壳体上的油道孔内的制动器 B1 导油管,如图 4-23 所示。

（9）拆下油泵螺栓：用内六星扳手对角拧松油泵与壳体间的 7 个连接螺栓,如图 4-24 所示。

（10）将 2 个 M8 螺栓均匀拧入油泵螺栓孔内(油泵 7 个孔当中的 2 个对角的螺纹孔),拧到拧不动为止。用手晃动这两根螺栓,将自动变速器油泵从变速器壳体中压出,取出油泵,如图 4-25 所示。

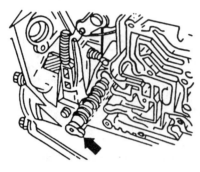

图 4-23　拆卸 B1 导油管

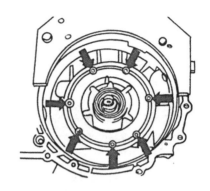

图 4-24　拆卸油泵螺栓

（11）用手抓住输入轴,将带有隔离管、B2 制动片、弹簧和弹簧帽的所有离合器拔出,如图 4-26 所示。

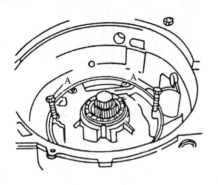

图 4-25　拆卸油泵

图 4-26　拆卸所有离合器

（12）将螺栓旋具插入大太阳齿轮的孔内,防止齿轮机构转动,以松开小输入轴螺栓,如图 4-27 所示。

（13）拆下小输入轴上的螺栓和调整垫圈,行星架的推力滚针轴承留在变速器主动齿轮上,如图 4-28 所示。

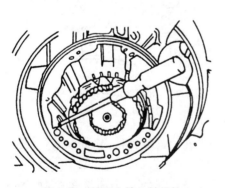

图 4-27　松开小输入轴螺栓

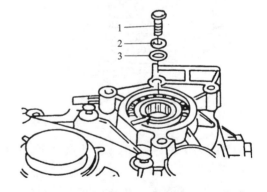

图 4-28　拆卸小输入轴螺栓和调整垫圈
1—螺栓　2—垫圈　3—调整垫片

（14）拔下小输入轴,如图 4-29 所示。

（15）拔出大输入轴和大太阳齿轮,如图 4-30 所示。

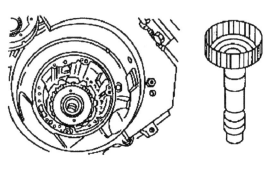

图 4-29 拆卸小输入轴

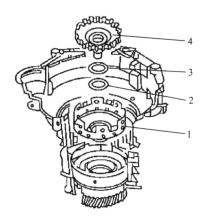

图 4-30 拆卸大输入轴和大太阳齿轮
1—大太阳齿轮 2—推力滚针轴承垫圈
3—推力滚针轴承 4—大输入轴

（16）拆下变速器转速传感器，再拆卸单向离合器。

（17）拆下隔离管弹性挡圈 a，如图 4-31 所示。

（18）拔出导流块，拆下单向离合器弹性挡圈 b，如图 4-32 所示。

（19）用钳子拔下单向离合器的定位销，该定位销位于变速器壳体油路板一侧。

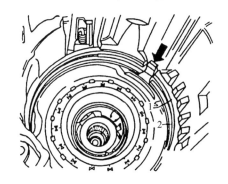

图 4-31 拆卸隔离管弹性挡圈 a
1—隔离管弹性挡圈 2—单向离合器弹性挡圈

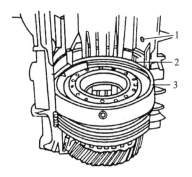

图 4-32 拆卸导流块和单向离合器弹性挡圈 b
1—ATF通气孔 2—导流块 3—单向离合器

（20）把小太阳轮、垫圈及推力滚针轴承从行星齿轮架中抽出，如图 4-33 所示。

（21）拔下带蝶形弹簧的行星齿轮支架，如图 4-34 所示。

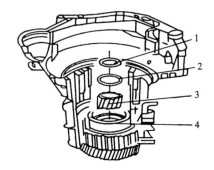

图 4-33 拆卸小太阳齿轮、垫圈及推力滚针轴承
1—推力滚针轴承 2—推力滚针轴承垫圈
3—小太阳齿轮 4—行星齿轮支架

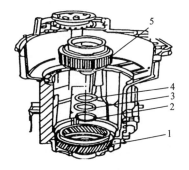

图 4-34 拆卸行星架、推力轴承及垫圈
1—主动齿轮 2、4—推力滚针轴承垫圈
3—推力滚针轴承 5—行星齿轮支架

（22）拆下倒挡制动器 B1 的摩擦片，取出推力轴承和垫圈，齿圈一般不拆。

2. 拆卸注意事项

（1）注意安全操作，严格按照操作规程进行。

（2）拆卸自动变速器之前，应对其外部进行有效和彻底清洗，以防污物弄脏其内部的精密配合件。

（3）拆卸自动变速器时不能直接用铁榔头敲打，只能采用橡胶锤或铜棒，以免损坏零件。

（4）拆卸过程中应保持沿轴线方向拆出，避免损坏零件。

（5）在拆卸自动变速器时，将所有组件和零件按拆卸顺序依次摆放，以便于组装。要特别注意各个止推垫片、推力轴承的位置，不可错乱。

4.2.6　大众 01N 型自动变速器的安装

1. 安装步骤

（1）将 O 形密封圈嵌入行星齿轮支架，如图 4-35 所示。

（2）将带垫圈的推力滚针轴承及垫圈和行星齿轮支架装入主动齿轮，如图 4-34 所示。

（3）将小太阳齿轮、垫圈和推力滚针轴承装到行星齿轮支架上，使垫圈、推力滚针轴承与小太阳齿轮中心对齐，如图 4-33 所示。

（4）装入低、倒挡制动器 B1。第一片为压盘，两面都是平面，接着依次装入摩擦片和钢片，最后一片钢片锥面朝上，随后装入蝶形缓冲弹簧，锥面朝上，朝向单向离合器。

（5）用专用工具 3267 张开单向离合器辊子，并装上单向离合器，如图 4-36 所示；如果没有专用工具，可将牙签插入保持架卡住辊子。

图 4-35　安装行星架的 O 形密封圈

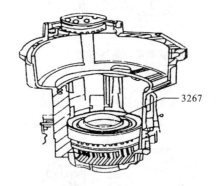

图 4-36　安装单向离合器

（6）安装单向离合器弹性挡圈 b，注意装弹性挡圈时开口装到定位楔上，如图 4-31 所示。

（7）将导流块装入变速器壳体上具有 ATF 通气孔的槽内，卡在两弹性挡圈之间。

（8）将隔离管弹性挡圈 a 开口装到单向离合器定位楔上。

（9）安装变速器转速传感器 G38。

（10）测量制动器 B1 间隙。

（11）将大太阳齿轮、推力滚针轴承垫圈（台肩朝向大太阳齿轮）、推力滚针轴承、大输入轴、滚针轴承、小输入轴部件装入变速器壳体。

（12）安装带有垫圈 2 和调整垫圈 3 的小输入轴螺栓 1（见图 4-37）。螺栓的拧紧力矩为 30 N·m。将调整垫圈装到小输入轴台肩上（箭头所示），确定调整垫圈厚度，调整行星齿轮支架。

（13）将带垫圈的推力滚针轴承 1 装到高挡离合器 K3 上，用自动变速器油或凡士林涂抹推力滚针轴承垫圈，以便安装时轴承粘到 K3 上，如图 4-38 所示。

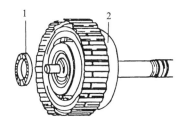

图 4-37　安装小输入轴螺栓和调整垫圈

1—小输入轴螺栓　2—垫圈　3—调整垫圈

图 4-38　安装带垫圈的推力滚针轴承

1—带垫圈的推力滚针轴承　2—高挡离合器 K3

（14）保证活塞环正确坐落在 K3 上及活塞环的两端相互钩住。

（15）安装高挡离合器 K3。

（16）将 O 形密封圈装入槽内，如图 4-39 所示。

（17）装入一至三挡离合器 K1，如图 4-40 所示。

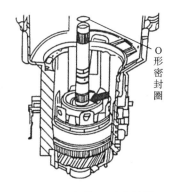
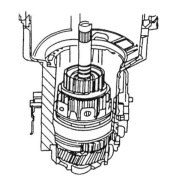

图 4-39　安装 O 形密封圈

图 4-40　安装一至三挡离合器 K1

（18）将调整垫圈（如图 4-41 中箭头所示）装入 K1。

（19）装入直、倒挡离合器 K2，如图 4-42 所示。

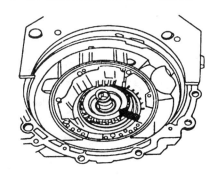
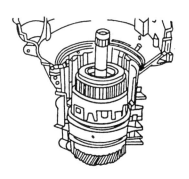

图 4-41　安装调整垫圈

图 4-42　安装直、倒挡离合器 K2

（20）装入低、倒挡制动器 B2 隔离管,安装时应使隔离管上的槽进入单向离合器的楔。

（21）安装 B2 的制动片。先装上一个 3 mm 的外片,将 3 个弹簧帽装入外片,插入压力弹簧（如图 4-43 中箭头所示）,直到把最后一个外片装上。安装最后一片已测量的外片前,应先把 3 个弹簧帽装到压力弹簧上,装上波形弹簧垫片。

（22）装入最后一个 3 mm 的外摩擦片;装入调整垫片,使止推环在调整垫片之上,光滑侧朝着调整垫片,如图 4-44 所示。

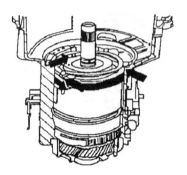

图 4-43　安装制动器 B2 的制动片

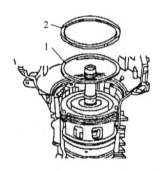

图 4-44　安装外摩擦片、调整垫片和止推环

1—调整垫片　2—止推环

（23）安装自动变速器油泵密封垫圈。

（24）将 O 形密封圈装到自动变速器油泵上。

（25）安装自动变速器油泵,均匀交叉拧紧螺栓。注意事项:不要损坏 O 形密封圈,螺栓拧紧力矩为 8 N·m。

（26）测量二、四挡制动器 B2 的间隙。

（27）安装密封塞。注意事项:安装时需使凸缘进入变速器壳体槽内,将 O 形密封圈装到密封塞上,将密封塞装到变速器壳体中,如图 4-23 所示。

（28）将操纵杆装到手动滑阀上,手动换挡阀 1 带阶梯面朝向操纵杆 2 并转动,将带手动阀的操纵杆装入滑阀箱,如图 4-22 所示。

（29）手动阀操纵杆的调整:将换挡轴置于变速杆位置,将带手动阀的操纵杆插入滑阀箱并插入底（如图 4-45 中箭头所示方向）,用 4 N·m 力矩拧紧螺栓。注意事项:手动滑阀必须靠近台肩,如图 4-45 所示。

（30）安装阀体:先用手拧紧阀体螺栓,然后交叉地由外而内将螺栓拧紧至力矩达到5 N·m。整理阀体上的传输线（扁状导线）,整理时不要弯折或扭转导线。将导线的薄膜插头插入变速器壳体内,并且拧紧螺栓,如图 4-46 所示。

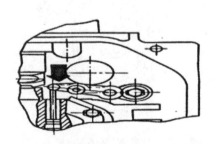

图 4-45　调整手动阀操纵杆

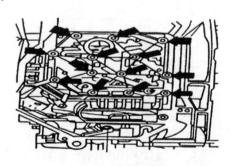

图 4-46　安装阀体

（31）安装 ATF 过滤网：将油密封圈压到 ATF 过滤网的吸入颈圈上，将 ATF 过滤网按入阀体约 3 mm（不要按到底），当安装油底壳时，ATF 过滤网会被推到正确的安装位置。

（32）安装油底壳。

（33）用撞击套管 40-20 敲入盖板，如图 4-47 所示。

（34）装上自动变速器溢流管和螺栓，如图 4-17 所示。

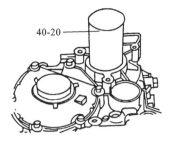

图 4-47　安装盖板

2. 安装注意事项

（1）安装径向轴用油封之前，应在密封唇缘之间的空腔中填充润滑脂（凡士林）。

（2）组装时，应更换自动变速器各接合面及轴颈上所有密封圈或密封环。

（3）不要过度拉伸卡环，如有必要应更换，卡环必须正确地落在凹槽内。

（4）必须交叉地松开和拧紧各盖板和壳体上的螺母和螺栓；由密封胶固定的螺栓要用钢丝刷清洁其螺纹，然后再涂上防松剂 AMV185 100A1，并拧紧；拆卸自锁螺母后应更换。

（5）装入滚针轴承时，要将印字的一面（较大的壁厚）朝向孔放置，安装前，用齿轮油润滑变速器中所有轴承。

（6）检查调整垫片是否有拉毛或损坏的迹象，只允许安装状态完好的调整垫片。

（7）内摩擦片在装入前，应放置在 ATF 中泡 15 min。

（8）安装一些小零件时，为了防止零件掉落，可在小零件表面上涂抹一些凡士林，以便将小零件固定在安装位置上。

（9）组装过程中，要特别注意各个推力轴承、止推垫片、止推垫圈的位置和方向不能错乱。

（10）在每一个零件装入后，应检查其是否安装到位，否则须进行调整或重装。

（11）各轴颈处的密封环应可靠挂住，接口远离进油口，相邻接口应错开 45°以上。

4.2.7　思考题

（1）大众 01N 型自动变速器由哪几部分组成？

（2）大众 01N 型自动变速器各挡位动力如何传递？

（3）分析单向离合器的作用。

（4）为何要进行手动阀操纵杆的调整？

4.2.8　考核标准或要求

（1）学生应能够正确完成自动变速器的拆卸和安装，解体顺序、拆解方法和工具使用符合要求，动作规范。（30 分）

（2）学生应能够说出自动变速器中各组件、部件的名称和作用等，进而了解各零部件之间的连接关系、装配关系、相互影响等。（30 分）

（3）学生应了解自动变速器的总体工作原理和工作过程。（40 分）

4.3　减速器拆装实验

4.3.1　实验目的与要求

通过亲身观察常用减速器及其结构,动手拆装齿轮减速器,非工程类大学生初步认识轴系基本构成,了解齿轮传动比、模数、中心距、支承等概念,了解减速器的工作原理和应用场合,能够基本区分常用减速器的种类,增强对机械设备传动的感性认识。

在实验中,要求学生注意观察各种减速器的内部结构的异同,观察齿轮传动件和轴承组成的轴系、箱体的结构等,了解减速器相关的基本性能指标。

4.3.2　实验内容

各种不同减速器的认知;齿轮减速器结构认知;动手拆装齿轮减速器。

4.3.3　实验设备与工具

各种减速器,以及各种扳手、游标卡尺等。

4.3.4　实验过程

1. 理论知识学习

减速器是用于原动机和工作机之间的独立闭式传动装置,目的是降低工作机的转速。根据不同的传动形式,减速器可分为齿轮减速器、蜗杆蜗轮减速器、摆线针轮减速器、谐波传动减速器、少齿差减速器等。通常可以采用改变速比的方法使减速器变成变速器,变速器分为有级和无级变速器。也可以把不同的减速器串联在一起,得到更大的传动比。

传动比是减速器的重要指标之一,其定义为主动轴转速与从动轴转速之比。对于齿轮减速器,其计算公式为

$$i_{12} = z_2 / z_1$$

式中:下标 1 代表主动轴,下标 2 代表从动轴,z 为轴上齿轮齿数。

以二级圆柱齿轮减速器(见图 4-48)为例,减速器主要由传动零件(如齿轮或蜗杆等)、轴、轴承、箱体及附件所组成(见图 4-49)。

1) 齿轮、轴及轴承组合

通常小齿轮与高速轴制成一体。采用这种齿轮轴结构,是因为齿轮直径和轴的直径相差不大,有利于简化工艺,节约成本。中间轴和低速轴的齿轮和轴分开制造,利用平键作轴向固定,轴上零件利用轴肩、轴套和轴承盖作轴向固定。齿轮和轴承在工作时都要用润滑油润滑。

图 4-48　二级圆柱齿轮减速器

图 4-49　二级圆柱齿轮减速器主要组成

2）箱体

箱体是减速器的重要组成部件，它是传动件的基座，有足够的强度和刚度。通常箱体用灰铸铁铸造，也可以用结构件和铸铝。为了便于轴系部件的安装和拆卸，箱体制成剖分式，上箱盖和下箱体用普通螺栓连接成一体。轴承座连接螺栓应尽量靠近轴承孔，而轴承座旁的凸台应具有足够的承托面，以便放置连接螺栓，并保证扳手的旋转空间。为了保证箱体具有足够的刚度，在轴承座孔附近加支撑肋；为了保证减速器安置在基座上的稳定性，减少加工平面，箱体底不采用完整的平面。

3）附件

为了保证减速器的正常工作，除了对齿轮、轴、轴承组合和箱体的结构设计给予足够的重视以外，还要考虑为减速器润滑池注油、排油，检查油面高度，检查拆装时上下箱的精确定位，合理选择和设计吊运等功能的辅助零部件和结构。所以，检查孔、通气器、油面指示器、放油螺塞、启箱螺栓、起吊装置等是必不可少的，作为附件必须设计或选择。

2. 齿轮减速器拆装实验步骤

以二级圆柱齿轮减速器的拆装为例，实验步骤如下：

（1）拧下各轴两端轴承端盖的螺钉，取下各端盖和端盖下的垫片；

（2）拧下各个端盖两侧螺栓的螺母及上盖和底座接合面四周螺栓的螺母，取下减速器的上盖；

（3）仔细观察齿轮、轴、轴承及箱体的结构，分析通气孔、油塞等零件的作用；

（4）数出各齿轮的齿数，并确定中心距 a、模数 m、减速器的两级传动比 i_{12}、i_{34} 和总传动比 $i_{总}$；

（5）测量底座和箱盖各有关几何尺寸。

3. 按规定格式完成实验报告

（略）

4.3.5　注意事项

（1）减速器认知重点在于种类、结构和其应用场合，非工程类学生应建立对两个概念——

传动比和传递功率的认知。

（2）学生应亲自动手拆装减速器，但必须注意安全，进实验室时着装要规范。

（3）学生应及时完成实验报告。

4.3.6　思考题

（1）减速器有哪些类型，主要用于什么场合？

（2）通过对减速器结构的了解分析，试叙述通气孔、视孔盖、油标、油塞的作用，以及轴承润滑问题是怎样解决的。

（3）减速器与其他传动装置有何区别？

机电一体化认知实验

现代机械产品正在向高速化、精密化、自动化和智能化方向发展,机电一体化技术运用已比比皆是,可见,一个合格的机械工程师必须见多识广,视野开阔。本章对机电一体化技术的基础知识进行介绍,目的是使学生了解机电设计领域的基本状况,为后续的其他认知实验做好知识铺垫。

5.1 PLC 基础技术认知实验

5.1.1 实验目的

(1)理解 PLC 基本组成,了解 PLC 的应用情况。
(2)认识 PLC 外形结构和相关部件。
(3)理解 PLC 的工作原理。
(4)学会 PLC 的基本使用方法。

5.1.2 实验设备与工具

(1)西门子 S7-200 CPU226 PLC 1 台;万用表 1 块;
(2)计算机和连接电缆、编程软件 1 套;
(3)按钮 2 只(数字量输入模拟开关 1 块);
(4)24 V 指示灯 3 只;
(5)电工工具 1 套;
(6)导线若干。
也可以采用 PLC 实验装置。

5.1.3 预备知识

1. PLC 基本组成

PLC(可编程逻辑控制器)是一种可进行数字运算的电子系统,是专为在工业环境中的应用而设计的工业控制器。由于 PLC 具有可靠性高、抗干扰能力强、编程简单、安装维修方便、接口丰富等特点,因此目前已经广泛应用于工业自动化控制。其基本组成如图 5-1 所示。

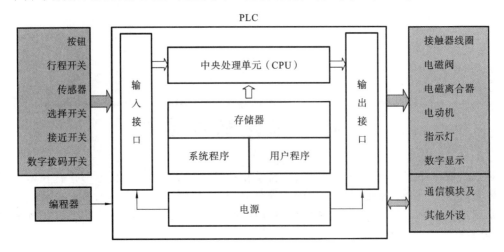

图 5-1 PLC 基本组成

1) CPU 模块

在 PLC 控制系统中,CPU 模块相当于人的大脑,它不断地采集输入信号,执行用户程序,刷新系统的输出。

2) I/O 模块

输入和输出模块简称为 I/O 模块,它们是系统的“眼、耳、手、脚”,是联系外部现场和 CPU 模块的桥梁。

输入模块用来接收和采集输入信号。数字量输入模块用来接收从按钮、选择开关、数字拨码开关、限位开关、接近开关、光电开关、压力继电器等来的数字输入信号;模拟量输入模块用来接收电位器、测速发电机和各种变送器提供的连续变化的模拟量电流电压信号。数字量输出模块用来控制接触器、电磁阀、电磁铁、指示灯、数字显示装置和报警装置等输出设备。模拟量输出模块用来控制调节阀、变频器等执行装置。

3) 编程装置

程序可以通过手持编程器输入 PLC,一般用于现场调试和维修。在给 S7-200 编程时,应配备一台装有 STEP7-Micro/WIN32 编程软件的计算机与一根连接计算机和 PLC 的 PC/PPI 通信电缆。

4) 电源

PLC 使用 220 V 交流电源或 24 V 直流电源。内部的开关电源为各模块提供 5 V、112 V、24 V 等直流电源。小型 PLC 一般都可以为输入电路和外部的电子传感器(如接近开关)提供 24 V 直流电源,驱动 PLC 负载的直流电源一般由用户提供。

2. PLC 的分类

1) 整体式 PLC

整体式 PLC 又称为单元式或箱体式 PLC,它的体积小、价格低,小型 PLC 常采用整体式结构。整体式结构的 PLC 是将 CPU、存储器、输入单元、输出单元、电源、通信端口、I/O 扩展端口等组装在一个箱体内构成基本单元,S7-200 称为 CPU 模块。S7-200 系列 PLC 提供多种具有不同 I/O 点数的 CPU 模块和数字量、模拟量 I/O（输入/输出）扩展模块供用户选用。CPU 模块和扩展模块用扁平电缆连接。整体式 PLC 还配备许多专用的特殊功能模块，如模拟量 I/O 模块，热电偶、热电阻模块，通信模块等，使 PLC 的功能得到扩展。整体式 PLC 如图 5-2(a)所示。

 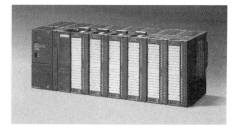

（a）整体式　　　　　　　　　　　　（b）模块式

图 5-2　PLC 的分类
（a）整体式　（b）模块式

2）模块式 PLC

模块式 PLC 将 CPU 单元、输入单元、输出单元、智能 I/O 单元、通信单元等分别做成相应的电路板或模块，模块之间通过底板上的总线相互联系，如图 5-2(b)所示。装有 CPU 的单元称为 CPU 模块，其他单元称为扩展模块。这种结构配置灵活，装配方便，便于扩展。一般中、大型 PLC 常采用模块式。

此外，根据 PLC 的 I/O 点数，PLC 可以分为小型 PLC（120 点以下）、中型 PLC（120～512 点）和大型 PLC（512 点以上）。

3. S7-200 PLC 硬件的认识

S7-200 CPU226 的外形如图 5-3 所示。

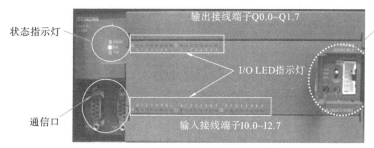

图 5-3　S7-200 CPU226 外形

（1）工作模式开关　可用三挡开关选择 S7-200 CPU 的 RUN、TERM 和 STOP 三个工作状态，其状态由状态指示灯显示，其中 SF 状态指示灯亮表示系统故障。

（2）通信接口　PORT0、PORT1 用于 PLC 与个人计算机或手持编程器进行通信连接。

（3）I/O 接口　各 I/O 点的状态用 I/O LED（发光二极管）指示灯显示，外部接线在可拆卸的插座型接线端子板上。

（4）模拟电位器　S7-200 CPU 有两个模拟电位器 0 和 1，用小型旋具调节模拟电位器，可将 0～255 之间的数值分别存入特殊存储器字节 SMB28 和 SMB29 中。这些数值可以作为定时器、计数器的预置值和过程量的控制参数。

（5）可选卡插槽　可将选购的 EEPROM 卡或电池卡插入插槽内使用。

若要对 S7-200 CPU 进行编程和调试，还需要将 PLC 与编程计算机之间进行通信连接，其通信方式有如下几种：

（1）使用 RS-232/PPI 电缆，连接 PG/PC 的串行通信口（COM 口）和 CPU 通信口。

（2）使用 Smart RS-232/PPI 电缆，连接 PG/PC 的串行通信口（COM 口）和 CPU 通信口。要求软件为 STEP7-Micro/WIN32 V3.2 SP4 及以上版本。

（3）使用 Smart USB/PPI 电缆，连接 PG/PC 的 USB 口和 CPU 通信口。要求软件为 STEP7-Micro/WIN32 V3.2 SP4 及以上版本。

（4）PG/PC 上安装 CP 卡，通过 MPI 电缆连接 CPU 通信口（PCI 接口卡 CP5611 配合台式计算机使用；PCMCIA 卡 CP5511 配合便携机使用）。

常见的连接电缆如图 5-4 所示。PLC 与计算机之间的连接如图 5-5 所示。

图 5-4　几种常见的连接电缆

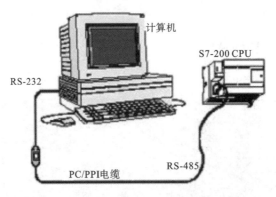

图 5-5　PLC 与计算机之间的连接示意图

西门子 S7-200 PLC 提供多种类型的 CPU，以适应各种应用的要求。不同类型的 CPU 具有不同的数字量 I/O 点数和内存容量等规格参数。目前 S7-200 PLC 的 CPU 有 CPU221、CPU222、CPU224、CPU226 和 CPU226XM。

每种型号的 CPU 有直流 24 V 和交流 120～220 V 两种供电方式。其型号中的 DC/DC/DC 表示 CPU 直流供电，直流数字量输入，数字量输出点是晶体管直流电路类型；AC/DC/Relay 表示 CPU 交流供电，直流数字量输入，数字量输出点是继电器触点类型。S7-200 CPU 规格如表 5-1 所示。

为扩展 I/O 点数和执行特殊的功能，可以连接扩展模块。扩展模块主要有数字量 I/O 模块（EM221、EM222、EM223）、模拟量 I/O 模块（EM231、EM232、EM235）、通信模块（EM277、EM241）、特殊功能模块（EM253）。

表 5-1 S7-200 CPU 规格

特性		CPU221	CPU222	CPU224	CPU226	CPU226XM
外形尺寸/(mm×mm×mm)		90×80×62	90×80×62	120.5×80×62	190×80×62	190×80×62
程序存储区/KB		4096	4096	8192	8192	16384
数据存储区/KB		2048	2048	5120	5120	10240
掉电保持时间/h		50	50	190	190	190
本机 I/O		6 入/4 出	8 入/6 出	14 入/10 出	24 入/16 出	24 入/16 出
扩展模块数量		0	2	7	7	7
高速计数器	单相/kHz	30(4 路)	30(4 路)	30(6 路)	30(6 路)	30(6 路)
	双相/kHz	20(2 路)	20(2 路)	20(4 路)	20(4 路)	20(4 路)
脉冲输出(DC)/kHz		20(2 路)	20(2 路)	20(2 路)	20(2 路)	20(2 路)
模拟电位器		1	1	2	2	2
实时时钟		配时钟卡	配时钟卡	内置	内置	内置
通信口		1RS-485	1RS-485	1RS-485	2RS-485	2RS-485
浮点数运算		有				
I/O 映像区		256(128 入/128 出)				
布尔指令执行速度/(μs/指令)		0.37				

4. S7-200 PLC 内部元件

1) 输入映像寄存器 I(输入继电器)

输入映像寄存器是 PLC 用来接收用户设备输入信号的接口,S7-200 PLC 输入映像寄存器区域有 I0.0～I15.7,是以字节(8 位)为单位进行地址分配的。

在每个扫描周期的开始,CPU 对输入点进行采样,并将采样结果存入输入映像寄存器中,外部输入电路接通时对应的映像寄存器为 ON(1 状态)。输入端可以外接常开触点或常闭触点,也可以接由多个触点组成的串并联电路。在梯形图中,可以多次引用输入位的常开触点和常闭触点。注意,PLC 的输入映像寄存器只能由外部信号驱动,在梯形图中不允许出现输入映像寄存器的线圈,只能引用输入映像寄存器的触点。

2) 输出映像寄存器 Q(输出继电器)

输出映像寄存器是用来将输出信号传送到负载的接口,S7-200 PLC 输出映像寄存器区域有 Q0.0～Q15.7,也是以字节(8 位)为单位进行地址分配的。

在扫描周期的末尾,CPU 将输出映像寄存器的数据传送给输出模块,再由后者驱动外部负载。如果梯形图中 Q0.0 的线圈通电,继电器型输出模块中对应的硬件继电器的常开触点闭合,使接在标号为 Q0.0 的端子的外部负载工作。输出模块中的每一个硬件继电器仅有一对常开触点,但是在梯形图中,每一个输出位的常开触点和常闭触点都可以多次使用。

3) 位存储器 M

内部标志位存储器用来保存控制继电器的中间操作状态,其编址范围为 M0.0～M31.7,其作用相当于继电器控制中的中间继电器。内部标志位存储器在 PLC 中没有输入/输出端与之对应,其线圈的通断状态只能在程序内部用指令驱动,其触点不能直接驱动外部负载,只能在程序内部驱动输出继电器的线圈,再用输出继电器的触点去驱动外部负载。

4)特殊标志位存储器 SM

PLC 中还有若干特殊标志位存储器,特殊标志位存储器提供强大的状态和控制功能,用来在 CPU 和用户程序之间交换信息。特殊标志位存储器能以位、字节、字或双字来存取数据,CPU226 的特殊标志位存储器的位地址编号范围为 SM0.0~SM549.7,其中 SM0.0~SM29.7 的 30 个字节为只读型区域。如 SM0.0,该位总是为"ON";SM0.1,首次扫描循环时该位为"ON";SM0.4、SM0.5 提供 1min 和 1 s 时钟脉冲;SM1.0、SM1.1 和 SM1.2 分别是零标志、溢出标志和负数标志。

5)变量存储器 V

变量存储器主要用于存储变量,它可以存放数据运算的中间运算结果或设置参数。在进行数据处理时,变量存储器经常会被使用。变量存储器可以是位寻址,也可以字节、字、双字为单位寻址,其位存取的编号范围根据 CPU 的型号有所不同,CPU221/222 变量存储器编址范围为 V0.0~V2047.7,共 2 KB 存储容量,CPU224/226 变量存储器编址范围为 V0.0~V5119.7,共 5 KB 存储容量。

6)局部变量存储器 L

局部变量存储器主要用来存放局部变量,它和变量存储器十分相似。但全局变量是全局有效的,即同一个变量可以被任何程序(主程序、子程序和中断程序)访问;而局部变量只是局部有效的,即变量只和特定的程序相关联。S7-200 PLC 有 64 个字节的局部存储器,编址范围为 LB0.0~LB63.7。其中 60 个字节可以用作暂时存储器或者给子程序传递参数,最后 4 个字节为系统保留字节。

7)定时器 T

S7-200 PLC 所提供的定时器作用相当于继电器控制系统中的时间继电器的作用,用于时间累计。每个定时器可提供无数对常开和常闭触点供编程使用,其设定时间由程序赋予。定时器编址范围为 T0~T255(22X),T0~T127(21X),其分辨率(时基增量)分为 1 ms、10 ms 和 100 ms。

8)计数器 C

计数器用于累计计数输入端接收到的由断开到接通的脉冲个数。计数器可提供无数对常开和常闭触点供编程使用,其设定值由程序赋予,编址范围为 C0~C255(22X),C0~C127(21X)。

9)高速计数器 HC

一般计数器的计数频率受扫描周期的影响,不能太高。而高速计数器可用来累计比 CPU 的扫描速度更快的事件。高速计数器的当前值是一个双字长(32 位)的整数,且为只读值。CPU 22X 提供 6 个高速计数器,HC0~HC5(每个计数器最高频率为 30 kHz),用来累计比 CPU 扫描速率更快的事情。高速计数器的当前值为双字长的符号整数。

10)累加器 AC

累加器是用来暂存数据的寄存器,它可以用来存放运算数据、中间数据和结果。S7-200 CPU 提供了 4 个 32 位的累加器,其地址编号为 AC0~AC3。累加器的可用长度为 32 位,可采用字节、字、双字的存取方式,字节、字只能存取累加器的低 8 位或低 16 位,双字可以存取累加器全部的 32 位。

11）顺序控制继电器 S

顺序控制继电器是使用步进顺序控制指令编程时的重要状态元件,通常与步进指令一起使用以实现顺序功能流程图的编程。S 又称状态元件,以实现顺序控制和步进控制,其编址范围为 S0.0～S31.7,可以按位、字节、字或双字来存取数据。

12）模拟量输入/输出映像寄存器(AI/AQ)

S7-200 PLC 的模拟量输入电路将外部输入的模拟量信号转换成 1 个字长的数字量存入模拟量输入映像寄存器区域,区域标志符为 AI。

模拟量输出电路将模拟量输出映像寄存器区域的 1 个字长的数值转换为模拟电流或电压输出,区域标志符为 AQ。

由于模拟量为一个字长,且从偶数字节开始,因此必须用偶数字节地址(如 AIW0、AQW2)来存取和改变这些值。模拟量输入值为只读数据,模拟量输出值为只写数据,转换的精度是 12 位。

具有掉电保持功能的内存在电源断电后又恢复时能保持它们在电源断电前的状态。CPU226 的缺省保持范围为:VB0.0～VB5119.7、MB14.0～MB31.7、TONR 定时器和全部计数器。其中,定时器和计数器只有当前值可以保持,而定时器和计数器的位是不能保持的。

5. S7-200 PLC 工作过程

S7-200 CPU 的基本功能就是监视现场的输入信号,根据用户的控制逻辑进行控制运算,输出信号去控制现场设备的运行。

S7-200 PLC 所完成的控制逻辑由用户编程实现,并下载到 S7-200 CPU 中执行,S7-200 CPU 按照循环扫描的方式完成各项任务,包括读取输入、执行用户控制逻辑、处理通信任务、执行自诊断、写入输出等过程,如图 5-6 所示。

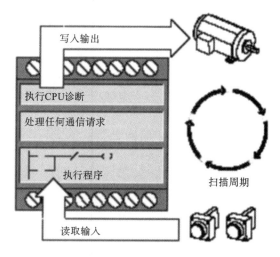

图 5-6 PLC 工作过程

6. S7-200 CPU 的工作模式

1）S7-200 CPU 的工作模式

停止模式:S7-200 CPU 不执行程序,此时可以下载程序、数据和 CPU 系统设置。

运行模式:S7-200 CPU 执行程序。

2)改变 S7-200 CPU 工作模式的方法

（1）使用模式选择开关:把开关拨到 RUN 或 STOP 位置。开关在 TERM 位置时表示不改变当前操作模式。

（2）CPU 上的模式选择开关在 RUN 或 TERM 位置时,可以用 STEP7-Micro/WIN32 编程软件工具条上的 ▶ 按钮控制 CPU 的运行,用 ■ 按钮控制 CPU 的停止。

（3）在程序中插入 STOP 指令,可在条件满足时将 CPU 设置为停止模式。

5.1.4　实验内容一

1. 任务描述

观察实验设备和 PLC 的外观及其上面标识的含义。根据提供的 I/O 分配表（见表 5-2）、接线图（见图 5-7）与程序（见图 5-8）,在教师指导下先将程序写入 PLC,并按接线图接好。

表 5-2　I/O 分配表

输入信号			输出信号		
元件名称	元件代号	输入点编号	元件名称	元件代号	输入点编号
停止按钮	SB1	I0.0	指示灯 0	HL0	Q0.0
启动按钮	SB2	I0.1	指示灯 1	HL1	Q0.1
			指示灯 2	HL2	Q0.2

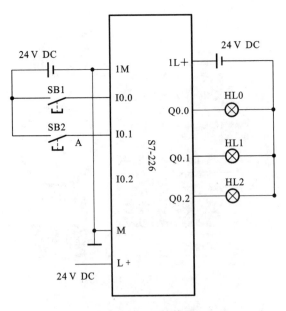

图 5-7　PLC 接线图

按要求操作,并观察 PLC 的运行情况和计算机监视情况,理解输入/输出映像寄存器和其他内部元件的作用。

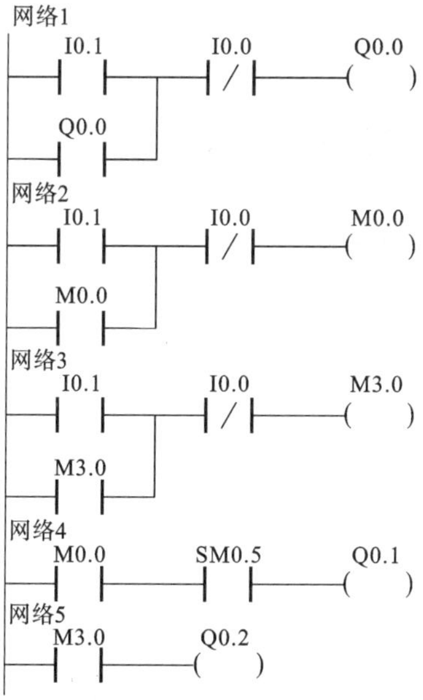

图 5-8　示例程序

2. 实验步骤与要求

1）PLC 硬件观察

完成下列任务，并在实验报告中记录。

（1）根据所给的 PLC 写出具体型号及其含义。

（2）指出 PLC 控制系统的各个部件并描述其具体作用。

（3）了解模块化 PLC 各模块的名称及作用。

（4）参观由 PLC 控制的生产设备或观看录像。

2）PLC 内部元件认识

实验前由教师指导，按照 I/O 分配表和接线图接好线路，并将程序写入 PLC，将计算机和 PLC 连接好。按下面的步骤进行实验。

（1）接通 PLC 的电源，此时模式选择开关置于 STOP 处。观察 S7-200 PLC 上的各指示灯的状态。

（2）将 PLC 置于 RUN 状态，按下启动按钮 SB2，观察各指示灯的状态。然后按下停止按钮 SB1，观察各指示灯的状态。

（3）将模式选择开关由 RUN 切换到 STOP 后，再由 STOP 切换到 RUN，观察各指示灯的状态。

（4）将以上观察结果填入表 5-3 中，注：填"亮""灭"或"闪"。

表 5-3　PLC 运行情况记录

状　　态	HL0	HL1	HL2
STOP 状态			
在 RUN 状态下按下 SB2			
在 RUN 状态下按下 SB1			
再次由 STOP 切换到 RUN 状态			

3．实验报告要求

（1）整理实验中观察的现象，写出心得体会。

（2）说明 PLC 各部分的作用。

（3）上网查找有关资料，并记录网址。

（4）记录 PLC 运行情况，并分析输入/输出映像寄存器、位存储器的工作特点。

（5）说明 PLC 物理输入触点和内部逻辑触点的关系。

（6）思考：突然断电后，正在运行的 PLC 中的程序是否会消失。

5.1.5　实验内容二

1．任务描述

（1）正确安装 STEP7-Micro/WIN32 编程软件和设置通信参数。

（2）按照所给的示例程序，在编程软件中进行程序的输入、编辑、监控及运行。

（3）使用仿真软件对示例程序进行仿真。

2．实验步骤与要求

（1）安装 STEP7-Micro/WIN32 编程软件。

① 正确安装 STEP7-Micro/WIN32 英文版软件。

② 正确安装 STEP7-Micro/WIN32 SP4 升级包。

（2）编程前的准备。

① 在断电情况下，连接数字量输入的模拟开关，用编程电缆连接 PLC 和计算机的串行通信口，接通计算机和 PLC 的电源。

② 打开 STEP7-Micro/WIN32 软件，新建一个项目。

③ 检查计算机和 PLC 之间的通信电缆的连接后，使用菜单命令"PLC"→"类型"设置与读取 PLC 型号，并设置通信参数。

④ 选择"SIMATIC"指令集和梯形图编辑器。使用菜单命令"工具"→"选项"→"一般"进行设置。

（3）输入、编辑图 5-9 所示的示例程序。

① 输入示例程序，在输入过程中灵活利用软件的快捷菜单对程序进行编辑。

② 利用软件系统的自动转换功能，将梯形图转换成语句表指令，并记录截图。

③ 给梯形图加上程序注释、网络标题、网络注释。

④ 编写符号表：打开指令树中的"符号表"文件夹下的"USER1"，在表中输入自己定义的符号和对应的地址，如图 5-10 所示。在"选项"对话框中选择操作数显示形式为：符号和地址同时显示。

利用菜单命令"检视"→"符号编址"显示和隐藏符号地址，并观察梯形图中地址的变化，并记录截图。

利用菜单命令"检视"→"符号信息表"在梯形图中显示和隐藏符号信息表，并记录截图。

网络1　网络标题

```
    I0.1      I0.2       Q0.1
 ───┤├───────┤/├───────(   )
    Q0.1
 ───┤├──
```

网络2

```
    Q0.1            T38
 ───┤├────────┌──────────┐
              │ IN   TON │
      +60─────│ PT       │
              └──────────┘
```

网络3

```
    T38            Q0.2
 ───┤├───────────(   )
```

图 5-9　示例程序

			符号	地址	注释
1			启动	I0.1	
2			停止	I0.2	
3			指示灯1	Q0.1	
4			指示灯2	Q0.2	
5					

1-19(CPU 221 REL 01.10)
程序块
　MAIN (OB1)
　SBR_0 (SBR0)
　INT_0 (INT0)
符号表
　USR1 (USR1)
　POU符号 (SYS1)

图 5-10　符号表

（4）编译程序，并观察编译结果，如有错误，继续修改程序直到编译成功。

（5）将编译好的程序下载到 PLC。

（6）建立状态图监视各元件的状态：打开指令树的"状态图"文件夹，双击"CHTI"，在状态图中输入要监视的元件地址，如图 5-11 所示。

INT_0 (INT0)
符号表
　USR1 (USR1)
　POU符号 (SYS1)
状态图
　CHT1 (CHT1)
　CHT2 (CHT2)
　CHT3 (CHT3)
　CHT4 (CHT4)
数据块

	地址	格式	当前值	新数值
1	启动:I0.1	位		
2	停止:I0.2	位		
3	指示灯1:Q0.1	位		
4	指示灯2:Q0.2	位		
5	T38	位		
6		带符号		

图 5-11　状态图

（7）运行程序，单击工具栏上的 ▷ 按钮，按下接在输入端子 I0.1、I0.2 上的模拟开关，观察 PLC 上状态指示灯的变化，并记录。

（8）启动状态图，单击工具栏上的 按钮，观察状态图中各地址状态的变化，并记录。

（9）输入强制操作。因为一般实验不带负载进行调试，所以可以采用强制功能模拟实际运行时的开关接通状态。强制 I0.1 状态为"ON"，I0.2 状态为"OFF"。

（10）在 PLC 运行时用工具栏上的 按钮显示梯形图的程序状态，并记录。

（11）使用仿真软件来运行、监视程序。

3. 实验报告要求

（1）整理实验操作中出现的现象并记录，包括：

① PLC 的型号及通信参数设置；

② 梯形图切换成语句表后的截图；

③ 符号表操作的结果截图；

④ PLC 运行时状态指示灯的变化情况；

⑤ 状态图和梯形图程序状态监视截图。

（2）总结操作心得，写出实验报告。

5.1.6　思考题

（1）怎样将编程软件的语言设置为英文？

（2）使用 PC/PPI 电缆时需要进行哪些设置？

（3）状态表和程序状态这两个功能有何区别？什么情况下使用状态表功能？

（4）若希望在断电后保持各数字量输出点的状态不变，该如何设置？

5.2　Arduino 基础认知实验

5.2.1　实验目的

（1）掌握 Arduino 的配置，程序代码的编写、编译及调试过程。

（2）学会运用 Arduino IDE 编写并在线调试程序，控制三色 LED 灯闪烁。

5.2.2　实验设备与工具

（1）IDE 开发环境。

（2）物联网应用开发平台开发箱一套。

5.2.3　实验要求

（1）熟悉 IDE 开发环境。

（2）能够在 IDE 开发环境中建立三色 LED 灯闪烁实验工程项目，并完成程序编写和调试。

5.2.4　实验原理

利用 Arduino 数据手册及三色 LED 灯的原理图，编写三色 LED 灯的驱动程序，设置与小灯 R、G、B 对应的端口 9、10、11 为输出，当相应端口为高电平时小灯显示相应颜色。

5.2.5 实验步骤

1. 硬件接线

将 R、G、B 三个引脚与开发板的 9、10、11 引脚进行连接。如图 5-12 所示,我们用红色线连接 R 和 9,用绿色线连接 G 和 10,用蓝色线连接 B 和 11,用棕色线连接负极(一)和 GND(接地端)。

图 5-12 LED 与 UNO 开发板连接

接下来,将 USB 线一端与开发板连接,另一端与计算机连接,如图 5-13 所示。

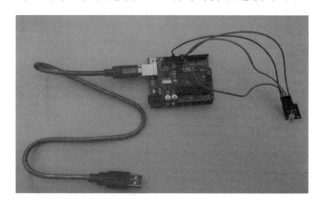

图 5-13 USB 线与 UNO 开发板连接

2. 程序代码的编写

1）新建程序文件

双击桌面上的 图标,进入 Arduino 开发环境,编写三色 LED 灯的控制程序。初始界面如图 5-14 所示。

2）定义 LED 引脚

LED 模块如图 5-15 所示。

图 5-14   Arduino 开发环境初始界面

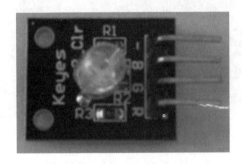

图 5-15   LED 模块

```
int redpin=9;                          // 定义端口 9 控制红色 LED 引脚
int greenpin=10;                       // 定义端口 10 控制绿色 LED 引脚
int bluepin=11;                        // 定义端口 11 控制蓝色 LED 引脚
```

3）main 函数

首先，初始化：

```
void setup() {
pinMode(redpin, OUTPUT);               // 定义红色 LED 引脚为输出引脚
pinMode(bluepin, OUTPUT);              // 定义蓝色 LED 引脚为输出引脚
pinMode(greenpin, OUTPUT);             // 定义绿色 LED 引脚为输出引脚
}
```

然后，编写 LED 灯闪烁函数：

```
void loop()
{
for (val=0; val<255; val++ )
{
    analogWrite(bluepin , val);        //为蓝色 LED 提供模拟输出电压
    delay(20);                         //停顿 20 ms
}
analogWrite(bluepin , 0);              //关闭蓝色 LED
```

```
        delay(2000);                        //停顿 2 s
          for (val=0; val<255; val++ )
        {
            analogWrite(greenpin , val);    //为绿色 LED 提供模拟输出电压
            delay(20);                      //停顿 20 ms
        }
        analogWrite(greenpin , 0);          //关闭绿色 LED
        delay(2000);                        //停顿 2 s
          for (val=0; val<255; val++ )
        {
            analogWrite(redpin ,val);       //为红色 LED 提供模拟输出电压
            delay(20);                      //停顿 20 ms
        }
        analogWrite(redpin , 0);            //关闭红色 LED
        delay(2000);                        //停顿 2 s
        }
```

4）实验源码

将上述代码合并为一个整体，如下所示：

```
        int redpin=9;                       //红色 LED 引脚
        int greenpin=10;                    // 绿色 LED 引脚
        int bluepin=11;                     // 蓝色 LED 引脚
        int val;                            // 临时变量，辅助亮度调节
        void setup() {
            pinMode(redpin, OUTPUT);        // 定义红色 LED 引脚为输出引脚
            pinMode(bluepin, OUTPUT);       // 定义蓝色 LED 引脚为输出引脚
            pinMode(greenpin, OUTPUT);      // 定义绿色 LED 引脚为输出引脚
        }
        void loop()
        {
            for (val=0; val<255; val++ )
        {
            analogWrite(bluepin , val);     //为蓝色 LED 提供模拟输出电压
            delay(20);                      //停顿 20 ms
        }
            analogWrite(bluepin , 0);       //关闭蓝色 LED
            delay(2000);                    //停顿 2 s
            for (val=0; val<255; val++ )
        {
            analogWrite(greenpin , val);    //为绿色 LED 提供模拟输出电压
            delay(20);                      //停顿 20 ms
        }
            analogWrite(greenpin , 0);      //关闭绿色 LED
            delay(2000);                    //停顿 2 s
            for (val=0; val<255; val++ )
        {
```

```
    analogWrite(redpin ,val);          //为红色 LED 提供模拟输出电压
    delay(20);                         //停顿 20 ms
}
    analogWrite(redpin , 0);           //关闭红色 LED
    delay(2000);                       //停顿 2 s
}
```

5.2.6 实验现象

将程序拷贝到白色空白处，如图 5-16 所示。

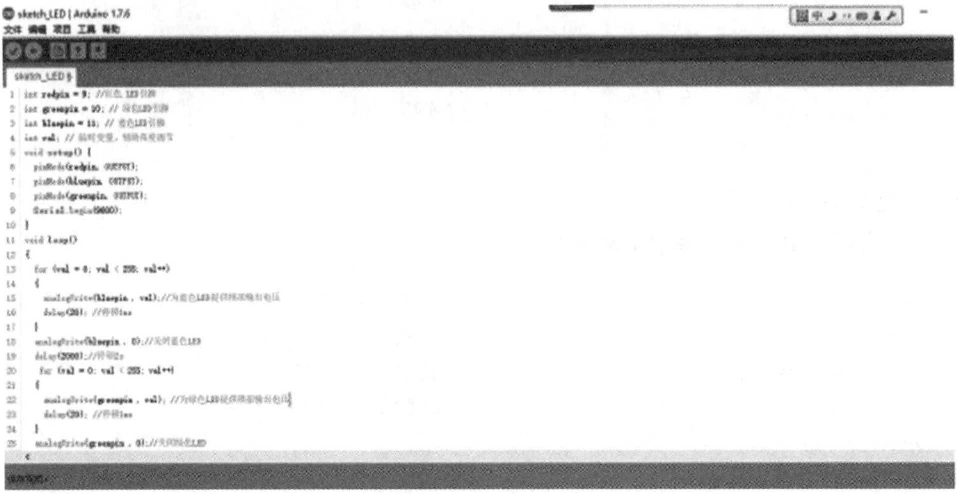

图 5-16 拷贝程序

点击 按钮，对代码进行编译，查看是否有语法错误。

然后点击 按钮，对代码进行编译，并下载到开发板中，若编译无误，看到提示上传成功，那么程序就会被写进开发板中，控制三色 LED 灯红、绿、蓝由弱到强交替亮灭。效果如图 5-17 所示。

图 5-17 效果图

现代制造技术认知实验

现代制造技术是一门以机械为主体,交叉融合了光、电、液、信息、材料、管理等学科的一体化技术,并与社会科学、文化、艺术等关系密切。自 20 世纪 80 年代提出以来,现代制造技术与协同论、信息论、方法论、控制论、系统论相结合,形成了制造系统工程学。在计算机集成制造技术发展的基础上,出现了柔性制造、敏捷制造、虚拟制造、网络制造、智能制造、协同制造、机器换人制造等热门制造模式。在工业化生产中,零件生产加工方式按加工过程分为热加工和冷加工两种,按加工成形机理分为去除材料加工、结合加工和变形加工三种。与社会生产紧密结合,开设变形加工——压铸(注塑)成型实验、结合加工——SLS 快速成型实验、去除材料加工——数控加工实验,主要目的是让学生了解零件常用的加工方法、加工工艺等专业知识。

6.1 压铸成型认知实验

6.1.1 实验目的与要求

通过亲身观察压铸机的设备构造、工艺过程及其成型零件,学生(尤其是非工程技术类学生)接触现代先进制造技术,了解压铸成型技术的基本原理、特点,增强对压铸制造工艺的感性认识。

在实验中,要求学生注意观察各种压铸成型的零件,初步掌握压铸成型系统的操作,了解压铸成型系统在工程技术领域的应用。

6.1.2 实验内容

压铸成型原理认知,压铸成型设备认知,压铸成型过程认知。

6.1.3 实验材料、工具和设备

材料:锌合金 240 kg。
工具:千分尺、卡尺、钢皮尺、压铸成型后处理工具。

设备：J218 型热室压铸机。

6.1.4 实验过程

1. 理论知识学习

压铸最早用来铸造印刷用的铅字，当时需要生产大量清晰、光洁及可互换的铸造铅字，压铸法随之产生。1885 年，奥默根瑟勒（Mergenthaler）发明了铅字压铸机。最初压铸的合金是低熔点的铅和锡合金。随着压铸件需求量的增加，要求采用压铸法生产熔点和强度都更高的合金零件，这样，相应的压铸技术、压铸模具和压铸设备就不断地改进发展。1905 年，多勒（Doehler）成功研究出用于工业生产的压铸机，压铸锌、锡、铅合金铸件。1907 年，瓦格纳（Wagner）首先制成气动活塞压铸机，用于生产铝合金铸件。1927 年，捷克工程师约瑟夫·波拉克（Joset Polak）设计了冷室压铸机，弥补了热室压铸机的不足之处，从而使压铸生产技术前进了一大步，铝、镁、铜等合金零件开始广泛采用压铸工艺进行生产。压铸生产是所有铸造工艺中生产速度最快的一种，也是最富有竞争力的工艺之一，这使得它在短短的 160 多年的时间内发展成为航空航天、交通运输、仪器仪表、通信等领域内有色金属铸件的主要生产工艺。

热室压铸机如图 6-1 所示，它主要由合型机构（包括开合型及锁型机构）、压射机构、动力和控制系统等组成。合型机构带动压铸模的动模部分使模具分开或合拢，附有液压顶出器和液压抽芯器；压射机构将金属液推送到模具型腔，充填成型为铸件；动力和控制系统采用液压控制操作系统。此外，还有冷却和润滑系统。

图 6-1 热室压铸机

压铸工艺流程如图 6-2 所示。

热室压铸成型的原理如图 6-3 所示。热室压铸机的压室通常浸没在坩埚的金属液中，压铸过程中，当压射冲头上升时，金属液通过进口进入压室；合模后在压射冲头下压的作用下，金属液经压室鹅颈管、喷嘴和浇注系统进入压铸模型腔；待金属液冷却凝固成型后，动模移动与定模分离而开模，通过推出机构推出铸件而脱模；取出铸件即完成一个压铸工作循环。压铸模的基本结构如图 6-4 所示。

与其他金属成型工艺相比，压铸成型的特点如下：

（1）生产效率极高，生产过程容易实现机械化和自动化。一般冷室压铸机每 8 小时可压

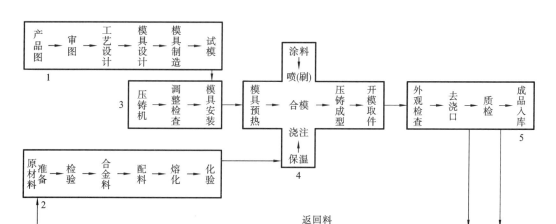

图 6-2　压铸工艺流程

1—模具制造　2—合金熔炼　3—压铸准备　4—压铸　5—清理检查

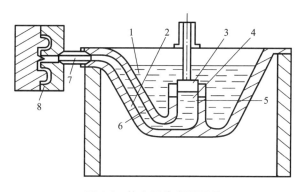

图 6-3　热室压铸成型原理

1—金属液　2—坩埚　3—压射冲头　4—压室　5—进口　6—鹅颈管　7—喷嘴　8—压铸模

铸 600~700 次，热室压铸机每 8 小时可压铸 3000~7000 次。而且一副压铸模中的型腔往往不止一个，这样生产的压铸件数也就成倍地增加了。

（2）铸件的尺寸精度高，尺寸稳定，一致性好，加工余量少，而且有很好的装配性。压铸件的精度可达 IT11~IT13 级，有时可达 IT9 级，即压铸件的尺寸公差小（精密级±0.08，一般±0.025）。表面粗糙度值一般为 Ra 0.8~3.2，最低达 Ra 0.4。一般压铸件只需对少数几个尺寸部位进行机械加工（如去批锋、抛光等），有的零件甚至不需机械加工就可直接用于后续工序如静电喷涂或装配生产。材料利用率高，可达 60%~80%，毛坯利用率达 90%。

（3）铸件组织致密，具有较高的强度和硬度。由于压铸时金属液是在压力下凝固的，又因高速充填，冷却速度极快，使铸件表面生成一层冷硬层（厚 0.3~0.8 mm），该层的金属晶粒细小，组织致密，因此压铸件强度和硬度较高，坚实耐磨。当压铸件壁厚适当且均匀时，其强度更高。

（4）可以压铸形状复杂、轮廓清晰的薄壁深腔铸件，因为金属液在高压下能保持高的流动性。压铸件最小壁厚：锌合金的可达到 0.3 mm，铝合金的约为 0.5 mm。最小铸出孔径为 0.7 mm，可铸螺纹的最小螺距为 0.75 mm。

（5）镶铸法可省去装配工序，简化制造工艺。在压铸件的特定部位可以直接嵌入所需的其他材料的制件，例如磁铁、铜套、绝缘材料等嵌件以满足特殊要求，既省去了装配工序，又简

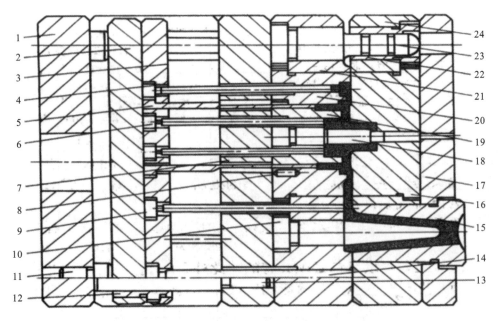

图 6-4　热室压铸机用压铸模的基本结构

1—动模座板　2—推板　3—推杆固定板　4、6、9—推杆　5—扇形推杆　7—支撑板　8—止转销

10—分流锥　11—限位钉　12—推板导套　13—推板导柱　14—复位杆　15—浇口套　16—定位镶块

17—定模座板　18—型芯　19、20—动模镶块　21—动模套板　22—导套　23—导柱　24—定模套板

化了制造工艺。总之,在人力、时间、费用方面实现了最大的节省。

2. 实验步骤

(1) 观察和了解压铸成型产品　弄清压铸成型产品的基本特点及其与注塑成型工件的异同,从产品结构特征上初步认识压铸成型技术。

(2) 开机准备　将原料装入容器,开机,并在实验记录本中记录温度等关键参数。

(3) 调入成型零件的数据文件　在软件上模拟加工,同时注意教师说明的加工中的有关问题。

(4) 启动加工　按照加工过程,教师介绍压铸成型的工作原理。

(5) 后处理介绍　在成型加工完成后,教师介绍并演示压铸成型的后处理方法。

(6) 测量成型件的精度。

3. 按规定格式完成实验报告

(略)

6.1.5　注意事项

(1) 压铸机是高技术的一体化机电设备,非工程类学生对它会有很大的好奇心,因此要强调在未经指导教师容许的情况下,学生不可触碰机器的任何按钮或控制元件。

(2) 注意观察成型参数对加工质量的影响。

(3) 在教师指导下,学生应该动手操作,获得更多的体验。

6.1.6　思考题

(1)压铸成型的原理是什么,有哪些主要类别?

(2)简要分析影响压铸成型件质量的因素。

(3)简要分析压铸成型与注塑成型、快速成型的差别。

(4)哪些零件既可采用压铸成型加工又可采用冲压成型加工? 差异有哪些?

6.2　注塑成型认知实验

6.2.1　实验目的与要求

通过亲身观察注塑机的设备构造、工艺过程及其成型零件,学生(尤其是非工程技术类学生)接触现代先进制造技术,了解注塑成型技术的基本原理、特点,增强对塑料成型制造工艺的感性认识。

在实验中,要求学生注意观察各种注塑成型的零件,初步掌握注塑成型系统的操作,了解其在工程技术领域的应用。

6.2.2　实验内容

注塑成型原理认知,注塑成型设备认知,注塑成型过程认知。

6.2.3　实验材料、工具和设备

材料:ABS 树脂、PC(聚碳酸酯)、PE(聚乙烯)原料各 50 kg。

工具:塑料成型模具 2 套,千分尺、卡尺、钢皮尺、模具安装工具等。

设备:BT80V-I 型注塑机。

6.2.4　实验过程

1. 理论知识学习

塑料成型是材料成型加工的一个重要部分,在工程中得到了广泛的应用。在日常生活用品中,很多成型塑料件是我们非常熟悉的;在电子、电器、机械、汽车等行业中,塑料成型件也占有较大的比例。

塑料的必要和主要成分是树脂。树脂由高分子物质组成,它是通过聚合反应制成的,所以又称聚合物或高聚物。塑料有热塑性塑料和热固性塑料之分。

塑料一般有三种物理状态:玻璃态、高弹态和黏流态。塑料的物理状态与它本身的温度有关。如图 6-5 所示,低温时塑料呈现刚性固体状,为玻璃态(A);温度较高时高聚物呈现柔软的弹性状,称为高弹态(C);继续升高温度,分子热运动能量进一步增大,至能解开分子链间的缠结而使整个大分子产生滑移,在外力作用下高聚物便发生黏性流动,称为黏流态(E)。T_b 称为脆化温度,是高聚物保持高分子力学特性的最低温度。T_d 称为分解温度,在温度高于 T_d 后,高分子主链发生断裂,这种现象称为降解。

塑料只有在受到外力作用而产生应变时,才会流动和变形。体现外力的应力有三种类型:剪切应力、拉伸应力、压缩应力。这三种应力对应产生三种应变(在应力作用下产生的形状与尺寸变化称为应变):剪切应变、拉伸应变和压缩应变。剪切应力对塑料的成型最为重要,如图 6-6 所示。

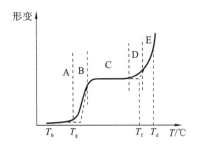

图 6-5　无定形高聚物的形变曲线

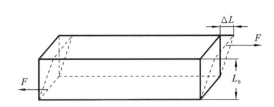

图 6-6　物体受剪切形变示意图

塑料成型是一种利用压力将黏流态的塑料按照所需要的零件形状成型并定型的方法。塑料成型有广泛的应用,主要的成型方法有注塑成型(注射成型)、压塑成型、挤出成型、吹塑成型、浇铸成型、热成型等。

图 6-7 所示为一些注塑产品。

图 6-7　一些常见的注塑产品

注塑成型的原理如图 6-8 所示,将粒状或粉状塑料从注塑机的料斗送入机筒内加热熔融塑化后,在柱塞或螺杆加压下,物料被压缩并向前移动,通过机筒前端的喷嘴,以很快的速度注入温度较低的闭合模具内,经过一定时间的冷却定型后,开启模具即得制品。这种成型过程是

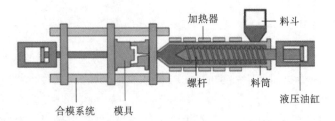

图 6-8　注塑原理示意图

一种间歇式的操作过程。

除极少数热塑性塑料外,几乎所有的热塑性塑料都可用此法成型。注塑成型也能加工某些热固性塑料,如酚醛塑料等。常见的注塑机如图 6-9 所示,它主要包括注射装置(见图 6-10)、合模装置、液压系统和电气控制系统等部分。

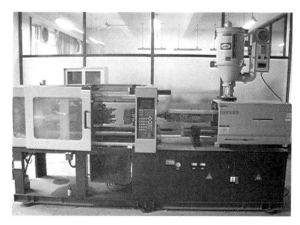

图 6-9 注塑机

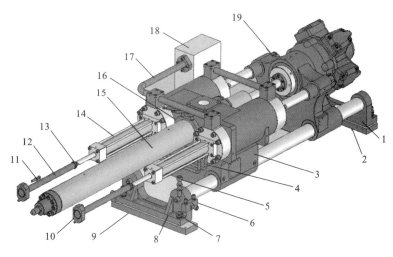

图 6-10 注射装置

1—射移后支架 2、9—机架体 3—射胶头板组件 4—射移油管组件 5—螺钉、弹垫、平垫 6—左右调节块组件
7—调节螺钉 8—射移前支架 10—射胶连接座 11—螺钉及弹垫 12—射移连接杆 13—圆螺母 14—射移油缸组件
15—熔胶筒子组件 16—运水座组件 17—射胶油缸油管组件 18—射胶油制板组件 19—射胶尾板组件

(1)注射装置 它由塑化部件(机筒、螺杆或柱塞、喷嘴等)、料斗、计量装置、螺杆传动装置(顶轴、液压马达等)、注射液压缸、注射座移动液压缸等组成,主要作用是使塑料均匀地塑化成熔融状态,并以足够的压力和速度将熔料注射到模具中。

(2)合模装置 它用于保证成型模具可靠的闭合,实现启闭模动作及取出制品。由于熔料以很高的压力注入模腔中,为了锁紧模具而不致使制品产生飞边或质量缺陷,就要对模具施加足够的锁紧力(即合模力)。合模装置主要包括固定模板、移动模板、后墙板、连接前后模板用的拉杆、合模液压缸、顶出液压缸、调模装置等。

(3)液压系统和电气控制系统 它是保证注塑机按工艺过程预定的要求(如压力、速度、温度、时间等要求)和动作程序准确有效地进行工作而设置的动力和控制系统。

2. 实验步骤

（1）观察和了解塑料成型模具　了解各类塑料成型模具的基本结构及其与所成型工件的对应关系，从模具结构上初步认识塑料成型的不同方式。

（2）注射模安装　将注射成型模具正确安装在注塑机上，确保安全，测量模具的关键参数，并记录在实验记录本中。

（3）烘料　启动料斗烘干机进行烘料，ABS 树脂的烘料温度是 95 ℃，烘料 2 h 以上。

（4）教师演示　启动注塑机，调模；设定相关的注塑参数，预注塑，开启注塑机开始注塑成型。

（5）学生将观察结果记录下来。

3. 按规定格式完成实验报告

（略）

6.2.5　注意事项

（1）安全性　注塑机工作区是一个危险区域，要确保设备运行正常、模具安装可靠，同时在进入实验区之前让学生意识到危险性，强调学生在未经允许的情况下不可触碰机器的任何按钮或控制元件，工作时关上注塑机安全门。

（2）本实验主要是指导教师示范演示，但学生要仔细观察，加强思考。

（3）其他成型方法过程可以通过播放多媒体教学视频实施实验教学。

（4）注塑机的组成结构和注塑工作原理可以重点介绍。

6.2.6　思考题

（1）塑料成型有哪些主要类别？

（2）日常生活用品和用具中有哪些是塑料成型的？

（3）简要分析影响塑料件表面质量的因素。

（4）塑料件中如有金属嵌件，如何增大两者结合力？

（5）如果成型零件材料由塑料改为铝合金或锌合金，对应的机器称为压铸机，请考虑注塑机与压铸机有哪些差别。

6.3　SLS 快速成型认知实验

6.3.1　实验目的与要求

通过亲身观察快速成型设备、工艺过程及其成型零件，学生（尤其是非工程技术类学生）接触现代先进制造技术，了解快速成型技术的基本原理、特点，以及它与传统制造技术的区别，增强对原型制造工艺的感性认识。

在实验中,要求学生注意观察各种快速成型的零件,初步掌握快速成型系统的操作,了解其在工程技术领域的应用。

6.3.2　实验内容

快速成型原理认知,快速成型设备认知,快速成型过程认知。

6.3.3　实验材料、工具和设备

材料:塑料(聚丙烯等)粉末 50 kg。

工具:千分尺、游标卡尺、钢皮尺、快速成型后处理工具。

设备:SLS 成型机、筛粉机、干燥箱。

6.3.4　实验过程

1. 理论知识学习

快速成型技术也称快速原型制造(RPM)技术,是综合利用 CAD 技术、数控技术、材料科学技术、机械工程技术、电子技术及激光技术等各种技术,以实现从零件设计到三维实体原型制造一体化的系统技术。快速成型技术是从 20 世纪 80 年代后期发展起来的,其对制造业的影响可与 20 世纪 50~60 年代的数控技术相媲美。快速成型技术的特点是可以自动、直接、快速、精确地将设计思想转变为具有一定功能的原型或直接制造成零件,从而可以对产品设计进行快速评估、修改和试验,大大缩短产品研制周期。

快速成型的原理如图 6-11 所示,先将设计的三维 CAD 模型按照一定的厚度切割,得到每一层的轮廓信息和填充信息,然后快速成型机按照每一层的轮廓信息和填充信息进行扫描成型每一层,层与层之间又通过一定的机制连接起来,这样就可以制造一个完整的物品。所以,快速成型技术实际上是利用叠层增材的制造思想,在计算机辅助设计和辅助制造技术的支持下,快速成型复杂的零部件或模具。

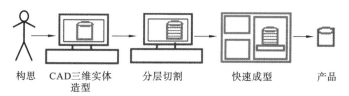

构思　CAD三维实体造型　分层切割　快速成型　产品

图 6-11　快速成型原理示意图

快速成型技术与传统成型工艺比较,优势主要体现在以下四个方面:① 快速性。从 CAD 设计到原型零件制成,一般只需几个小时至几十个小时,速度比传统的成型方法快得多,快速成型技术尤其适用于新产品的开发与管理。② 自由成型。可以根据零件的形状,不受专用工具的限制而自由地成型,大大缩短新产品的试制时间,并且不受零件形状复杂程度的限制。③ 高度柔性。仅改变 CAD 模型,重新调整和设置参数即可生产出不同形状的零件模型。④ 简

易性。相比于传统的机床加工工艺,快速成型技术操作简单,且设备维护便捷,不需专业人员值守。总之,在人力、时间、费用方面实现了最大的节省。

图 6-12 所示为快速成型的基本流程。

快速成型有以下多种工艺。

(1) SL(光固化成型)工艺是基于液态光敏树脂的光聚合原理工作的。这种液态材料在一定波长和强度的紫外光的照射下能迅速发生光聚合反应,相对分子质量急剧增大,材料也从液态转变成固态。图 6-13 所示为 SL 工艺原理。SL 方法是目前快速成型技术领域中研究得最多的方法,也是技术上最为成熟的方法。SL 工艺的特点是成型的零件精度较高。经多年的研究,人们改进了截面扫描方式和树脂成型性能,使该工艺的加工精度能达到 0.1 mm。但这种方法也有自身的局限性,比如需要支撑、树脂收缩会导致精度下降、光固化树脂有一定的毒性等。

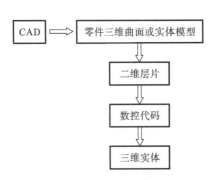

图 6-12　快速成型基本流程

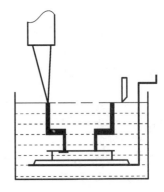

图 6-13　SL 工艺原理示意图

(2) LOM(分层实体制造)工艺采用薄片材料,如纸、塑料薄膜等作为材料,其原理如图 6-14所示。LOM 工艺只需在片材上切割出零件截面的轮廓,而不用扫描整个截面,因此成型厚壁零件的速度较快,易于制造大型零件。工艺过程中不存在材料相变,因此不易引起翘曲变形,零件的精度较高。工件外框与截面轮廓之间的多余材料在加工中起到了支撑作用,所以LOM 工艺不需加支撑。

(3) SLS(选择性激光烧结)工艺是利用粉末状材料成形的,工艺原理如图6-15所示。

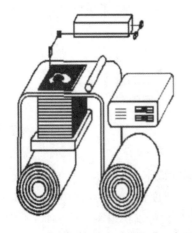

图 6-14　分层实体制造工艺原理示意图

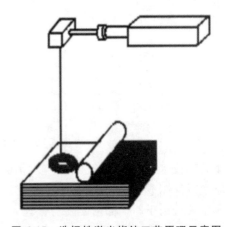

图 6-15　选择性激光烧结工艺原理示意图

SLS工艺的特点是材料适应面广,不仅能制造塑料零件,还能制造陶瓷、蜡等材料的零件,特别是可以直接制造金属零件。并且SLS工艺不需加支撑,未烧结的粉末起到了支撑的作用,这使SLS工艺颇具吸引力。

（4）FDM(熔融沉积成型)工艺所用材料一般是热塑性材料,如蜡、ABS、尼龙等,以丝状供料。其工艺原理如图6-16所示,材料在喷头内被加热熔化,喷头沿零件截面轮廓和填充轨迹运动,同时将熔化的材料挤出,材料迅速固化,并与周围的材料黏结。FDM工艺不用激光,因此使用、维护简单,成本较低。用蜡成形的零件原型,可以直接用于失蜡铸造。用ABS制造的原型因具有较高强度而在产品设计、测试与评估等方面得到广泛应用。由于以FDM工艺为代表的熔融材料堆积成型工艺具有一些显著优点,因此该工艺发展极为迅速。

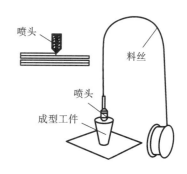

图 6-16 熔融沉积成型工艺原理示意图

2. 实验步骤

（1）观察和了解快速成型产品 弄清快速成型产品的基本特点及其与注塑成型工件的异同,从产品结构特征上初步认识快速成型技术。

HRPS快速成型机主要由计算机控制系统、主机、激光器冷却器三部分组成,其结构布局如图6-17所示。

图 6-17 HRPS快速成型机的结构布局

（2）快速成型机开机准备 将原料装入容器,开机,并在实验记录本中记录温度等关键参数。

（3）调入成型零件的数据文件 在软件上模拟加工,同时教师说明加工中的有关问题。

（4）启动加工 按照加工过程,教师介绍快速成型的工作原理。

（5）后处理介绍 在成型加工完成后,教师介绍并演示快速成型的后处理方法。

（6）测量成型件的精度。

3. 具体加工操作步骤

首先合上总电源开关,然后按下主机电源按钮,当主机绿色指示灯亮时,再开计算机;打开计算机后,双击 PowerRP2004 软件,进行三维图形处理及加工参数设定。

(1) 从硬盘或 U 盘等处找到三维造型零件的 STL 文本,并选中,如图 6-18 所示。

图 6-18　选择三维造型零件的 STL 文本

(2) 对待加工的零件作"实体变换"和"实体缩放"处理,如图 6-19 所示。

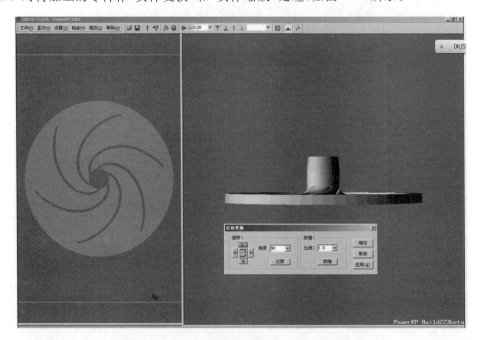

图 6-19　对零件作"实体变换"和"实体缩放"处理

（3）对待加工的零件作加工制造参数的处理，如图 6-20、图 6-21 和图 6-22 所示。

图 6-20 自动控温参数设置

图 6-21 基本制造系数及修正系数设置

（4）完成加工制造参数的设置后，点击"模拟制造"，可观察到多层制造的高度、层数及加工时间，如图 6-23 所示。

（5）在优化加工的前提下完成模拟制造，之后对 SLS 内部参数进行设定，如图 6-24 所示。

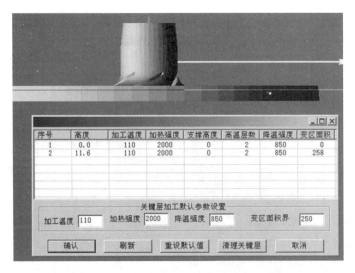

图 6-22　关键层加工默认参数设置

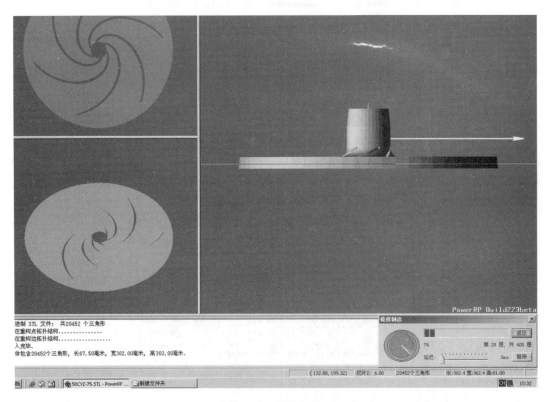

图 6-23　模拟制造

4. 按规定格式完成实验报告

（略）

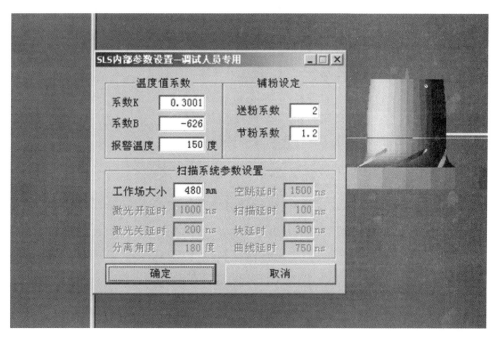

图 6-24 SLS 内部参数设置

6.3.5 注意事项

(1) 成型机是高技术的一体化机电设备,非工程类学生对它会有很大的好奇心,因此要强调在未经指导教师容许的情况下,学生不可触碰机器的任何按钮或控制元件。

(2) 注意观察成型参数对加工质量的影响。

(3) 在教师指导下,学生应该动手操作以获得更多的体验。

6.3.6 思考题

(1) 快速成型的原理是什么,有哪些主要类别?

(2) 简要分析影响快速成型件质量的因素。

(3) 简要分析快速成型与注塑成型、压铸成型的差别。

(4) SLS 快速成型制件的后处理工序有哪些?

6.4 数控加工仿真实验

6.4.1 实验目的与要求

数控加工是一门实践性非常强的课程,需要通过不断的实践性操作才能很好地掌握操作技能和数控加工的原理与方法。然而,数控加工的实践性教学操作需要大量的数控机床以满足众多学生的学习需求,这无疑给教学单位造成了沉重的负担,数控加工仿真软件的出现弥补了数控实践教学数控机床数量不足的缺憾。通过仿真加工操作,学生能够:

(1) 掌握数控机床坐标系的规定与加工原理。

(2) 掌握数控车床的机床与对刀操作,掌握数控程序的输入、编辑与运行。

(3) 掌握数控加工中心的机床与对刀操作,掌握数控程序的输入、编辑与运行。

(4) 为后续的真实机床的加工操作打下坚实的基础。

6.4.2 实验设备与工具

(1) 基于 Windows 系统的计算机。

(2) 宇龙数控加工仿真软件 V5.0。

6.4.3 实验内容与原理

数控机床的仿真加工操作的一般步骤是:启动机床—定义与安装毛坯—选择与安装刀具—手动对刀操作—输入与编辑数控程序—程序检验—仿真加工—检查工件。本实验将在仿真机床上完成数控车削及数控铣削的仿真加工,在完成实例仿真加工之前,我们对宇龙数控加工仿真系统的使用及数控加工对刀原理进行介绍。

1. 宇龙数控加工仿真系统

1) 宇龙数控加工仿真软件的启动与登录

依次点击 Windows 系统【开始】—【程序】—【数控加工仿真系统】,或点击桌面图标,系统将弹出图 6-25 所示的用户登录界面。

图 6-25   软件启动界面

点击【快速登录】按钮进入数控加工仿真系统的操作界面。

2）宇龙数控加工仿真软件界面简介

软件启动后界面如图 6-26 所示。

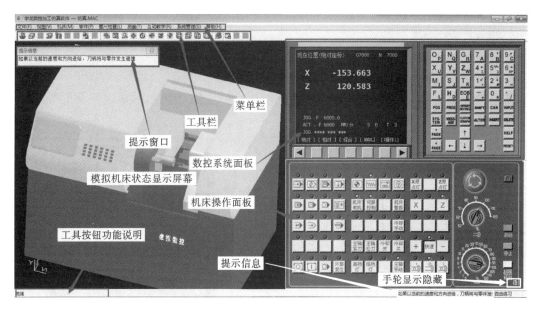

图 6-26 软件启动后界面

3）数控系统及机床类型的选择

（1）选择菜单【机床】—【选择机床】或工具栏图标 ，出现图 6-27 所示的机床选择界面。

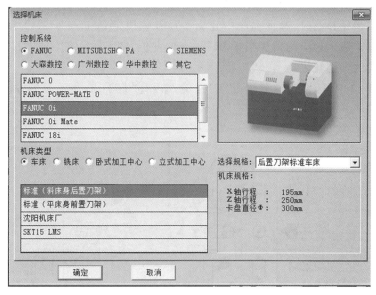

图 6-27 机床选择界面

（2）选择控制系统：控制系统有 8 种，共 18 种型号，本实验所用控制系统为 FANUC 0i（见图 6-27）。

（3）选择机床类型：本次实验所用机床为标准（斜床身后置刀架）车床与南通机床厂 XH713A 立式加工中心。

（4）点击【确定】后，三维仿真机床显示在屏幕区，如图 6-26 所示。

2. 数控机床对刀原理

数控机床对刀的目的是建立工件坐标系，将每把刀的刀位点与工件原点重合时的机床坐标值告知数控系统。

1）数控车床对刀

（1）工件坐标系的建立——偏置值的确定与输入。

工具补正窗口"X""Z"输入的数值如图 6-28 所示（以"X"为例），可通过系统的"测量"功能自动计算出偏置值并输入。

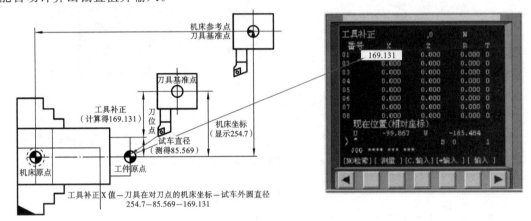

图 6-28　建立工件坐标系

（2）刀尖半径补偿——刀尖参数的设置。

在进行刀尖半径补偿时，除在程序中建立半径补偿段指令（G42/G41）之外，还必须在偏置参数设置窗口中输入相应的刀尖半径"R"与刀尖方位号"T"，只有 G42、"R"、"T"三者相对应才能产生正确的补偿效果。

例如从图 6-29 中可以得知：车外圆"T"为 3，车内孔"T"为 2，并且刀尖方位号与车床的形式无关。

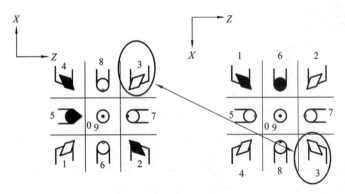

图 6-29　刀尖方位号的规定

2）数控加工中心对刀

数控加工中心刀具的偏置数字一般放在系统偏置设置的坐标系中，现以 G54 坐标系为例说明：

G54栏中输入的数值("X""Y""Z")是当刀位点与工件原点重合时的机床坐标值,一般须通过对刀操作间接获得该坐标值。图6-30所示为G54坐标系下"X"刀偏值的对刀原理,"Y"值与"Z"值也同理。

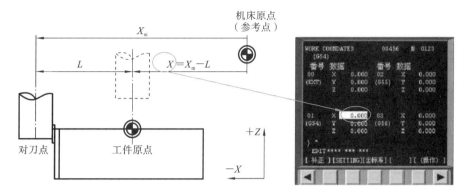

图6-30 数控加工中心对刀

6.4.4 实验过程

本实验所用的数控系统为FANUC 0i,图6-31所示为FANUC 0i数控系统的MDI(手动输入)键盘(右半部分)和CRT(阴极射线管)显示界面(左半部分)。

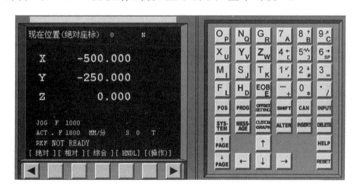

图6-31 FANUC 0i 数控系统

MDI键盘上各按键功能说明如表6-1所示。

表6-1 MDI键盘上各按键功能说明

MDI按键	功　　能
按键 实现左侧CRT中显示内容的向上翻页;按键 实现左侧CRT显示内容的向下翻页	按键实现左侧CRT中显示内容的向上翻页;按键实现左侧CRT显示内容的向下翻页
移动CRT中的光标位置。按键 实现光标的向上移动;按键 实现光标的向下移动;按键 实现光标的向左移动;按键 实现光标的向右移动	移动CRT中的光标位置。按键实现光标的向上移动;按键实现光标的向下移动;按键实现光标的向左移动;按键实现光标的向右移动

MDI 按键	功　　能
	实现字符的输入,点击 **SHIFT** 键后再点击字符键,将输入右下角的字符。例如:点击 **O_P** 将在 CRT 的光标所在位置处输入字符"O",点击按键 **SHIFT** 后再点击 **O_P** 将在光标所在位置处输入字符"P";点击按键中的 **EOB_E** 将输入";",表示换行结束
	实现字符的输入,例如:点击按键 **5** 将在光标所在位置处输入字符"5",点击按键 **SHIFT** 后再点击 **5** 将在光标所在位置处输入"]"
POS	在 CRT 中显示坐标值
PROG	CRT 将进入程序编辑和显示界面
OFFSET SETTING	CRT 将进入参数补偿显示界面
SYSTEM	本软件不支持
MESSAGE	本软件不支持
CUSTOM GRAPH	在自动运行状态下将数控显示切换至轨迹模式
SHIFT	切换输入字符
CAN	删除单个字符
INPUT	将数据域中的数据输入到指定的区域
ALTER	字符替换
INSERT	将输入域中的内容输入到指定区域
DELETE	删除一段字符
HELP	本软件不支持
RESET	机床复位

数控加工仿真操作如下(以车削加工为例)。

(1) 选择机床。

选择菜单【机床】—【选择机床】,在选择机床对话框中选择"FANUC 0i"控制系统类型和"标准(斜床身后置刀架)"车床,并点击【确定】按钮,如图 6-32 所示。

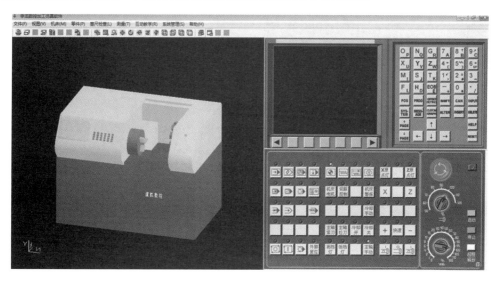

图 6-32 选择机床

图 6-32 中右下半部分车床控制面板各按钮功能说明如表 6-2 所示。

表 6-2 车床控制面板各按钮功能说明

按　　钮	名　　称	功 能 说 明
	自动运行	点击此按钮后,系统进入自动加工模式
	编辑	点击此按钮后,系统进入程序编辑状态,用于直接通过操作面板输入数控程序和编辑程序
	MDI	点击此按钮后,系统进入 MDI 模式,手动输入并执行指令
	远程执行	点击此按钮后,系统进入远程执行模式即 DNC 模式,输入输出资料
	单节	点击此按钮后,运行程序时每次执行一条数控指令
	单节忽略	点击此按钮后,数控程序中的注释符号"/"有效
	选择性停止	点击此按钮后,M01 代码有效
	机械锁定	锁定机床

续表

按　钮	名　称	功　能　说　明
	试运行	机床进入空运行状态
	进给保持	在程序运行过程中,点击此按钮,程序运行暂停。点击"循环启动"按钮⬜恢复运行
	循环启动	程序运行开始。系统处于自动运行或 MDI 模式时点击有效,其余模式下点击无效
	循环停止	在数控程序运行中,点击此按钮,程序停止运行
	回原点	机床处于回零模式。机床必须首先执行回零操作,然后才可以运行
	手动	机床处于手动模式,可以手动连续移动
	手动脉冲	机床处于手轮控制模式
	手动脉冲	机床处于手轮控制模式
	X 轴选择	在手动状态下,点击该按钮则机床移动 X 轴
	Z 轴选择	在手动状态下,点击该按钮则机床移动 Z 轴
	正方向移动	在手动状态下,点击该按钮,系统将向所选轴正方向移动。在回零状态下,点击该按钮将所选轴回零
	负方向移动	在手动状态下,点击该按钮,系统将向所选轴负方向移动
	快速	按下该按钮,机床处于手动快速状态
	主轴倍率选择	将光标移至此旋钮上后,可通过点击鼠标的左键或右键来调节主轴旋转倍率
	进给倍率	调节主轴运行时的进给速度倍率

续表

按　　钮	名　　称	功　能　说　明
	急停	点击急停按钮,机床移动立即停止,并且所有的输出如主轴转动等都会关闭
	超程释放	系统超程释放
	主轴控制	从左至右分别为正转、停止、反转
	手轮显示	点击此按钮,可以显示手轮面板
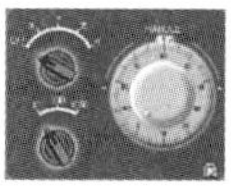	手轮面板	点击回按钮将显示该手轮面板
	手轮轴选择	手轮模式下,将光标移至此旋钮上后,通过点击鼠标的左键或右键来选择进给轴
	手轮进给倍率	手轮模式下将光标移至此旋钮上后,通过点击鼠标的左键或右键来调节手轮步长。×1、×10、×100 分别代表移动量为 0.001 mm、0.01 mm、0.1 mm
	手轮	将光标移至此旋钮上后,通过点击鼠标的左键或右键来转动手轮
	启动	启动控制系统
	关闭	关闭控制系统

（2）定义毛坯。

打开菜单【零件】—【定义毛坯】或在工具条中选择 ⬚ ,系统打开图 6-33 所示的对话框,按图中所示设置毛坯并确定。

（3）放置零件。

打开菜单【零件】—【放置零件】或在工具条中选择 ⬚ ,系统打开图 6-34 所示的对话框。在"类型"中选中"选择毛坯",在列表中点击所需的零件,选中的零件信息加亮显示,点击【安装

图 6-33　设置毛坯

零件】按钮,系统自动关闭对话框,零件被装到了车床主轴卡盘上。如果进行过"导入零件模型"的操作,对话框的零件列表中会显示模型文件名,若在类型列表中选择"选择模型",则可以导入零件模型文件。

图 6-34　放置零件

(4) 选择刀具。

打开菜单【机床】—【选择刀具】或者在工具条中选择▦,系统弹出刀具选择对话框,如图6-35 所示。

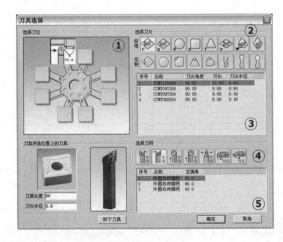

图 6-35　刀具选择

具体步骤:① 在刀架图中点击所需的刀位,该刀位对应程序中的刀位号 T01~T08;② 选择刀片类型;③ 在刀片列表框中选择刀片;④ 选择刀柄类型;⑤ 在刀柄列表框中选择刀柄。

(5) 车床准备。

① 激活车床　点击启动按钮 ,此时车床电动机和伺服控制的指示灯变亮 。检查急停按钮是否松开至 状态,若未松开,点击急停按钮 ,将其松开。

② 车床回参考点　检查操作面板上回原点指示灯 是否亮,若指示灯亮,则系统已进入回原点模式;若指示灯不亮,则点击回原点按钮 ,进入回原点模式。在回原点模式下,先将 X 轴回原点,点击操作面板上的 X 轴选择按钮 ,使 X 轴方向移动指示灯 变亮,点击正方向移动按钮 ,此时 X 轴将回原点,X 轴回原点灯 变亮,CRT 上的 X 坐标变为"390.00"。同样,再点击 Z 轴选择按钮 ,使指示灯变亮,点击 ,Z 轴将回原点,Z 轴回原点灯 变亮。

(6) 试切法对刀。

数控程序一般按工件坐标系编程,对刀的过程就是建立工件坐标系与机床坐标系之间关系的过程。下面具体说明车床对刀的方法。其中,将工件右端面中心点设为工件坐标系原点。将工件上其他点设为工件坐标系原点的方法与对刀方法类似:① 切削外径;② 测量切削位置的直径;③ 保持 X 轴方向不动,刀具退出,点击 MDI 键盘上的 键,进入参数补偿显示界面,将光标移到与刀位号相对应的位置,输入 $X\alpha.$,点击菜单软键【测量】,对应的刀具偏移量将自动输入;④ 切削端面;⑤ 点击操作面板上的主轴停止按钮 ,使主轴停止转动,把端面在工件坐标系中的 Z 坐标值记为 β(设此处以工件端面中心点为工件坐标系原点,则 β 为 0)。保持 Z 轴方向不动,刀具退出,进入参数补偿显示界面,将光标移到 Z 的位置,输入 $Z\beta.$,点击【测量】,对应的刀具偏移量自动输入。

(7) 导入数控程序。

数控程序可以通过记事本或写字板等编辑软件输入并保存为文本格式(* . txt 或是 * . nc 格式)文件,也可直接用 FANUC 0i 系统的 MDI 键盘输入。

(8) 数控程序管理。

① 显示数控程序目录;② 选择一个数控程序;③ 删除一个数控程序;④ 新建一个数控程序。

(9) 程序自动运行。

(10) 机床辅助功能——检查运行轨迹。

第7章

虚拟仿真认知实验

在当前的机械实践教育教学中,由于仪器设备成本高,占用空间大,因此实物实训能用的设备数量有限;同时,实验设备零部件复杂多样,实物实训具有很大的危险性,这使得人员与设备的安全性无法保证;即使开展了实物实训,往往人数众多,后排的学生经常无法听清或看到教师的讲解及操作,并且通常只能了解单一、片段的工艺,很多时候不能真正了解贯穿整个工艺流程的操作;教师也无法在课上看顾所有学生进行实验。因此,实物实验较难开展。

本章通过数控车床虚拟认知、加工中心虚拟认知、纺织装备虚拟认知及加工中心机械装调虚拟认知这四个实验,提高学生对虚拟仿真实验的认知和水平;使学生牢记上述实验设备的复杂操作及拆装步骤,从而保证操作正确,规范,大幅度提高实验的正确性和效率,弥补实验在教学资源、设备和流程方面的不足。

7.1 数控车床虚拟认知实验

7.1.1 实验目的

以数控车床(见图 7-1)为对象,采用"理、虚、实"一体化的教学方式,构建虚拟仿真软件及云平台等,向学生提供能随时随地进行虚拟仿真的实验条件,让学生在虚拟环境中开展实验,弥补实际实验实训中的不足,提高实训效果。

7.1.2 实验内容

(1)了解数控车床机械组成部分零件及结构组成。

(2)通过数控车床机床操作,了解数控车床程序编辑与管理、切削、进给与补偿、程序自动/手动运行、显示与设定数据等步骤。

(3)通过数控车床的操作流程,掌握台阶轴加工、轴类零件加工、轴套加工、螺纹和槽加工、综合零件加工等技能。

(4)培养良好的操作规范和安全意识,技能训练与养成教育并重,有效保障实训安全。

图 7-1　数控车床

7.1.3　实验原理

数控车床、加工中心虚拟实验涵盖了整个机械工程教学中的多门课程实践要求,为学生学习专业基础和专业课程起到承前启后的作用,该实验对应的知识点如下。

1. 数控车床结构与原理认知

了解数控基础的组成及原理。数控机床一般由输入输出设备、CNC(数控)装置(或称CNC 单元)、伺服单元、驱动装置(或称执行机构)、可编程逻辑控制器(PLC)及电气控制装置、辅助装置、机床本体及测量反馈装置组成。使用数控机床时,首先要将被加工零件图样的几何信息和工艺信息用规定的代码和格式编写成加工程序;然后将加工程序输入到数控装置,按照程序的要求,经过数控系统信息处理、分配,使各坐标移动若干个最小位移量,实现刀具与工件的相对运动,完成零件的加工。

2. 数控车床操作

(1)台阶轴加工;(2)轴类零件加工;(3)轴套加工;(4)螺纹与槽加工;(5)综合零件加工。

7.1.4　实验网址和软件运行环境

1. 实验网址

点击网址 http://zjlg. walkclass. com/,进入首页后,输入登录名 zjlg001,登录密码123456,进入云平台;下载客户端软件,启动后输入账号和密码进入实验。

2. 软件运行环境

操作系统:Windows XP/7/8。

CPU:Intel 双核@ 2.40 GHz 或以上(CPU 主频越高越好,运行越流畅)。

内存:1 GB 以上(内存越大,运行越流畅)。

显卡:显存 256 MB 以上(由于仿真软件画质较高,因此需要显卡性能较好才能有最佳的运行效果,显卡配置较低会导致运行较为卡顿)。

7.1.5 实验过程

1. 数控车床设备观察与认知

(1)设备观察:虚拟数控车床本体外形尺寸与真实数控车床完全相同,并拥有高度逼真的外观。表面可见结构、零部件与真实机床一致。

(2)部件认知:引出线将同时显示各部件名称,可根据用户观察视角与设备的距离自动进行层级显示。鼠标移动到零部件上时,自动显示其名称。

其中虚拟数控面板为可操作的独立数控面板,其操作方式与真实面板高度一致。面板经专业绘制,精美大方,与真实面板高度逼近。虚拟数控面板有两种显示模式。一种是显示在计算机屏幕上,与机床本体叠放,并有"全部显示""仅显示液晶屏""隐藏"三种显示方式。另一种是放置于移动终端(如 PAD)上,与机床本体分离。

数控车床操作界面如图 7-2 所示。

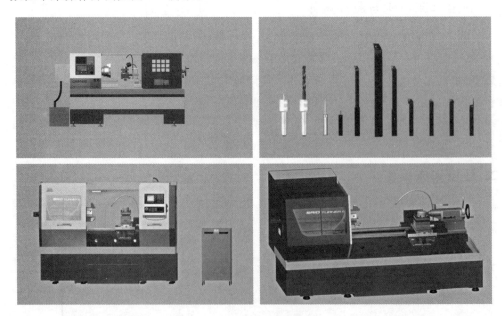

图 7-2　数控车床操作界面

2. 机床操作教学与实验

(1)程序编辑与管理:程序列表信息显示、程序搜索、字搜索和地址搜索、程序光标移动控制、程序字段选择和全选择、默认程序恢复。

（2）切削：利用软件配套提供的各种教学及实训案例，可方便地进行实时的切削仿真，包括数控程序切削和手工切削，切削效果逼真。

（3）进给与补偿：快速移动、直线插补、圆弧插补、暂停功能、半径补偿功能、长度补偿功能等。

（4）程序自动运行：存储器运行、MDI 运行、进给保持、单段运行、部分程序段跳过、程序运行编程轨迹线显示与控制、程序运行实际运行轨迹线显示与控制。

（5）显示和设定数据：① POS 位置信息显示，包括绝对坐标值显示与预置、相对坐标值显示、归零和预置、综合位置信息显示、实时速度显示、操作时间及加工零件数的显示、剩余移动量显示等。

② PROG 程序信息显示，包括程序内容显示与编辑窗口、程序列表显示与自动更新、程序自动运行检查画面显示、当前程序段画面、下一段程序画面、显示光标自动跳转等。

③〈OFFSET〉设置信息显示，包括 1～64 号磨损和形状刀补数据显示与设定、指定刀号的快速检索与定位、相应的刀补数据计算与输入、各工件坐标系的显示、按工件坐标系号快速检索、指令轴位置的测量、指定工件坐标系的计算与输入、与绝对坐标相关联等。

设置坐标系界面如图 7-3 所示。

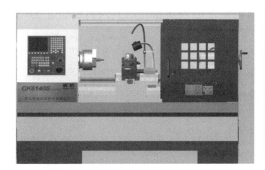

图 7-3 设置坐标系界面

3. 项目化案例教学与实训

可选择不同的实训项目，一步步演示虚拟加工中心的操作过程，并同步伴随操作说明。演示过程中，不需任何切换，就可以操作练习，即演示和操作练习可以随时转换，如图 7-4 所示。

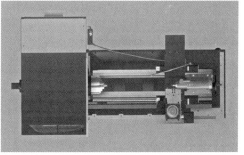

图 7-4 项目练习

（1）台阶轴加工案例教学与实训。
（2）轴类零件加工教学与实训。
（3）轴套加工教学与实训。
（4）螺纹和槽加工教学与实训。
（5）综合零件加工教学与实训。

7.1.6　实验要求及考核方式

1. 实验要求

要求能够掌握数控车床的组成、作用与工作原理，了解数控车床台阶轴加工、轴类零件加工、轴套加工、螺纹与槽加工、综合零件加工，能完成实验的基本步骤，准确记录实验数据，实验数据处理过程正确，能够用实验的基本理论与数据对实验结论加以说明。

2. 考核方式

考核方式：云平台打开后，切换到考试功能时，系统会弹出输入窗口要求用户输入姓名和学号。在输入完信息后，则进入考试界面。根据用户的当前操作对其进行打分。

3. 考核项与分数

各项目操作说明及分数如表 7-1 至表 7-5 所示。

表 7-1　台阶轴加工操作说明及分数（共 160 分）

操作说明	分数
打开电源	5
松开急停按钮	5
X 轴回零	10
Z 轴回零	10
毛坯装夹	15
刀具装夹	15
X 轴对刀	30
Z 轴对刀	30
程序加载（1 号程序）	10
关闭机床门	10
自动运行切削	10
按下急停按钮	5
关闭电源	5

表 7-2　螺纹轴加工操作说明及分数(共 295 分)

操 作 说 明	分　　数
打开电源	5
松开急停按钮	5
X 轴回零	10
Z 轴回零	10
毛坯装夹	15
1 号刀位刀具装夹	10
2 号刀位刀具装夹	10
3 号刀位刀具装夹	10
1 号刀 X 轴对刀	30
1 号刀 Z 轴对刀	30
2 号刀 X 轴对刀	30
2 号刀 Z 轴对刀	30
3 号刀 X 轴对刀	30
3 号刀 Z 轴对刀	30
程序加载(2 号程序)	10
关闭机床门	5
自动运行切削	15
按下急停按钮	5
关闭电源	5

表 7-3　轴套加工操作说明及分数(共 205 分)

操 作 说 明	分　　数
打开电源	5
松开急停按钮	5
X 轴回零	10
Z 轴回零	10
毛坯装夹	15
中心钻装夹	5
钻中心孔	20
$\phi 16$ 钻头装夹	5
钻 $\phi 16$ 孔	20
刀架刀具装夹	10
X 轴对刀	30

操 作 说 明	分　　数
Z 轴对刀	30
程序加载(3 号程序)	10
关闭机床门	5
自动运行切削	15
按下急停按钮	5
关闭电源	5

表 7-4　螺纹与槽加工操作说明及分数(共 295 分)

操 作 说 明	分　　数
打开电源	5
松开急停按钮	5
X 轴回零	10
Z 轴回零	10
毛坯装夹	15
1 号刀位刀具装夹	10
2 号刀位刀具装夹	10
3 号刀位刀具装夹	10
1 号刀 X 轴对刀	30
1 号刀 Z 轴对刀	30
2 号刀 X 轴对刀	30
2 号刀 Z 轴对刀	30
3 号刀 X 轴对刀	30
3 号刀 Z 轴对刀	30
程序加载(2 号程序)	10
关闭机床门	5
自动运行切削	15
按下急停按钮	5
关闭电源	5

表 7-5　综合零件加工操作说明及分数(共 660 分)

操 作 说 明	分　　数
打开电源	5
松开急停按钮	5
X 轴回零	10
Z 轴回零	10

操 作 说 明	分　　数
毛坯装夹	20
1 号刀位刀具装夹	20
2 号刀位刀具装夹	20
1 号刀第一次 X 轴对刀	40
1 号刀第一次 Z 轴对刀	40
2 号刀第一次 X 轴对刀	40
2 号刀第一次 Z 轴对刀	40
第一次程序加载(5 号程序)	15
第一次关闭机床门	5
第一次自动运行切削	20
毛坯掉头装夹	20
车削端面至尺寸	40
3 号刀位刀具装夹	20
1 号刀第二次 X 轴对刀	40
1 号刀第二次 Z 轴对刀	40
2 号刀第二次 X 轴对刀	40
2 号刀第二次 Z 轴对刀	40
3 号刀第二次 X 轴对刀	40
3 号刀第二次 Z 轴对刀	40
第二次程序加载(6 号程序)	15
第二次关闭机床门	5
第二次自动运行切削	20
按下急停按钮	5
关闭电源	5

7.2　加工中心虚拟认知实验

7.2.1　实验目的

以加工中心(见图 7-5)为对象,采用"理、虚、实"一体化的教学方式,构建虚拟仿真软件及云平台等,向学生提供能随时随地进行虚拟仿真的实验条件,让学生在虚拟环境中开展实验,弥补实际实验实训中的不足,提高实训效果。

图 7-5 加工中心

7.2.2 实验内容

(1) 了解加工中心机械组成部分零件及结构组成。

(2) 掌握加工中心操作,如切削、进给与补给、程序自动运行、显示和设定数据。

(3) 通过数控车床的操作流程,掌握动模板模框加工、开放槽综合、外轮廓综合、钻孔加工、平面铣加工、矩形槽加工等技能。

(4) 培养良好的操作规范和安全意识,技能训练与养成教育并重,有效保障实训安全。

7.2.3 实验原理

1. 加工中心结构与原理认知

加工中心(computerized numerical control machine,可简称 CNC)是由机械设备与数控系统组成的用于加工复杂形状工件的高效率自动化机床。加工中心又叫电脑锣。加工中心备有刀库,具有自动换刀功能,是对工件一次装夹后进行多工序加工的数控机床。加工中心是高度机电一体化的产品,工件装夹后,数控系统能控制机床按不同工序自动选择、更换刀具,自动对刀,自动改变主轴转速、进给量等,可连续完成钻、镗、铣、铰、攻螺纹等多种工序,因而大大减少了工件装夹时间、测量和机床调整等辅助工序时间,对加工形状比较复杂、精度要求较高、品种更换频繁的零件具有良好的经济效果。

加工中心除机床基础件以外,还包括主轴部件、进给系统、回转定位装置和附件、辅助功能装置、刀库和自动换刀装置等。

2. 虚拟加工中心机床操作

(1) 动模板模框加工;(2) 开放槽综合案例;(3) 外轮廓综合案例;(4) 钻孔加工案例;(5) 平面铣加工案例;(6) 矩形槽加工。

7.2.4 实验网址与软件运行环境

1. 实验网址

点击网址 http://zjlg.walkclass.com/，进入首页后，输入登录名 zjlg001，登录密码 123456，进入云平台；下载客户端软件，启动后输入账号和密码进入实验。

2. 软件运行环境

操作系统：Windows XP/7/8。

CPU：Intel 双核@ 2.40 GHz 或以上（CPU 主频越高越好，运行越流畅）。

内存：1 GB 以上（内存越大，运行越流畅）。

显卡：显存 256 MB 以上（由于仿真软件画质较高，因此需要显卡性能较好才能有最佳的运行效果，显卡配置较低会导致运行较为卡顿）。

7.2.5 实验过程

1. 加工中心设备观察与认知

（1）设备观察：虚拟加工中心本体外形尺寸与真实加工中心完全相同，并拥有高度逼真的外观。表面可见结构、零部件与真实加工中心一致。

（2）部件认知：引出线将同时显示各部件名称，可根据用户观察视角与设备的距离自动进行层级显示。鼠标移动到零部件上时，自动显示其名称。

其中独立数控面板的操作方式与真实面板高度一致。面板经专业绘制，精美大方，与真实面板高度逼近。独立数控面板有两种显示模式。一种是显示在计算机屏幕上，与加工中心本体叠放，并有"全部显示""仅显示液晶屏""隐藏"三种显示方式。另一种是放置于移动终端（如 PAD）上，与加工中心本体分离。

虚拟刀具、夹具外形尺寸与真实刀具相同，并拥有高度逼真的外观，有可操作的独立手柄，操作方式与真实手柄高度一致。其面板经专业绘制，精美大方，与真实手柄高度逼近。该面板有两种显示模式。一种是显示在计算机屏幕上，与加工中心本体叠放。另一种是放置于移动终端（如 PAD）上，与加工中心本体分离。加工中心操作界面如图 7-6 所示。

2. 加工中心操作教学与实验

（1）切削：利用软件配套提供的各种教学及实训案例，可方便地进行实时的切削仿真，包括数控程序切削等，切削效果逼真。

（2）进给与补给：快速移动、直线插补、圆弧插补、暂停功能、半径补偿功能、长度补偿功能等。

（3）程序自动运行：存储器运行、MDI 运行、进给保持、单段运行、部分程序段跳过、程序运行编程轨迹线显示与控制、程序运行实际运行轨迹线显示与控制。

（4）显示和设定数据：

① POS 位置信息显示，包括绝对坐标值显示与预置、相对坐标值显示、归零和预置、综合

图 7-6　加工中心操作界面

位置信息显示、实时速度显示、操作时间及加工零件数的显示、剩余移动量显示等。

② PROG 程序信息显示,包括程序内容显示与编辑窗口、程序列表显示与自动更新、程序自动运行检查画面显示、当前程序段画面、下一段程序画面、显示光标自动跳转等。

③〈OFFSET〉设置信息显示,包括 1～400 号刀偏数据显示与设定、指定刀号的快速检索与定位、相应的刀偏数据计算与输入、各工件坐标系的显示、按工件坐标系号快速检索、指令轴位置的测量、指定工件坐标系的计算与输入、与绝对坐标相关联等。

3. 项目化案例教学与实训

可选择不同的实训项目,一步步演示虚拟加工中心的操作过程,并同步伴随操作说明。演示过程中,不需任何切换,就可以操作练习,即演示和操作练习可以随时转换。项目操作界面如图 7-7 所示。

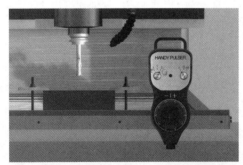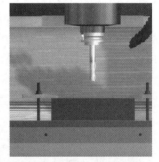
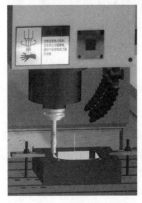

图 7-7　项目操作界面

（1）动模板模框加工。

（2）开放槽综合案例。

（3）外轮廓综合案例。

（4）钻孔加工案例。

（5）平面铣加工案例。

（6）矩形槽加工案例。

7.2.6　实验要求及考核方式

1. 实验要求

要求能够掌握加工中心的组成、作用与工作原理,了解加工中心基本操作及动模板模框加工、开放槽综合、外轮廓综合、钻孔加工、平面铣加工、矩形槽加工,能完成实验的基本步骤,准确记录实验数据,实验数据处理过程正确,能够用实验的基本理论与数据对实验结论加以说明。

2. 考核方式

考核方式:云平台打开后,切换到考试功能时,系统会弹出输入窗口要求用户输入姓名和学号。在输入完信息后,则进入考试界面。根据用户的当前操作对其进行打分。

3. 考核项与分数

各项目操作说明及分数如表 7-6 至表 7-11 所示。

表 7-6　动模板模框加工操作说明及分数(共 350 分)

操 作 说 明	分　数
X 轴回零	10
Y 轴回零	10
Z 轴回零	10
直接装夹	10
加载毛坯	10
选择 3 号或 4 号刀具	10
X 轴对刀	30
Y 轴对刀	30
关闭机床舱门	10
换 1 号刀具	10
1 号刀具 Z 轴对刀	20
选择 1 号程序	10
开始 1 号程序钻中心孔加工	10

操 作 说 明	分　数
换 2 号刀具	10
2 号刀具 Z 轴对刀	20
选择 2 号程序	10
开始 2 号程序钻孔加工	10
换 3 号刀具	10
3 号刀具 Z 轴对刀	10
选择 3 号程序	20
开始 3 号程序粗铣侧面加工	10
换 4 号刀具	10
4 号刀具 Z 轴对刀	20
选择 4 号程序	10
开始 4 号程序精铣侧面加工	10
选择 5 号程序	10
开始 5 号程序精铣底面加工	10

表 7-7　开放槽综合案例操作说明及分数(共 260 分)

操 作 说 明	分　数
X 轴回零	10
Y 轴回零	10
Z 轴回零	10
平口钳装夹	10
加载毛坯	10
选择 1 号刀具	10
X 轴对刀	30
Y 轴对刀	30
1 号刀具 Z 轴长度补偿设定	20
换 2 号刀具	10
2 号刀具 Z 轴长度补偿设定	20
换 3 号刀具	10
3 号刀具 Z 轴长度补偿设定	20
1 号刀具半径补偿设置	20
关闭机床舱门	10
选择 1 号程序	10
开始加工	20

表 7-8　外轮廓综合案例操作说明及分数（共 210 分）

操作说明	分　数
X 轴回零	10
Y 轴回零	10
Z 轴回零	10
平口钳装夹	10
加载毛坯	10
选择 1 号刀具	10
X 轴对刀	30
Y 轴对刀	30
Z 轴对刀	30
1 号刀具半径补偿设置	20
关闭机床舱门	10
选择 1 号程序	10
开始加工	20

表 7-9　钻孔加工案例操作说明及分数（共 200 分）

操作说明	分　数
X 轴回零	10
Y 轴回零	10
Z 轴回零	10
平口钳装夹	10
加载毛坯	10
选择 1 号刀具	10
X 轴对刀	30
Y 轴对刀	30
选择 2 号刀具	10
Z 轴对刀	30
关闭机床舱门	10
选择 1 号程序	10
开始加工	20

表 7-10　平面铣加工案例操作说明及分数（共 190 分）

操作说明	分　数
X 轴回零	10
Y 轴回零	10

操 作 说 明	分　　数
Z 轴回零	10
平口钳装夹	10
加载毛坯	10
选择 1 号刀具	10
X 轴对刀	30
Y 轴对刀	30
Z 轴对刀	30
关闭机床舱门	10
选择 1 号程序	10
开始加工	20

表 7-11　矩形槽加工案例操作说明及分数(共 190 分)

操 作 说 明	分　　数
X 轴回零	10
Y 轴回零	10
Z 轴回零	10
平口钳装夹	10
加载毛坯	10
选择 1 号刀具	10
X 轴对刀	30
Y 轴对刀	30
Z 轴对刀	30
关闭机床舱门	10
选择 1 号程序	10
开始加工	20

7.3　纺织装备虚拟认知实验

7.3.1　实验目的

随着信息化、数字化技术在纺织装备领域的不断深入,我国纺织装备行业正逐渐摆脱传统的技术引进、消化吸收及合作生产模式,朝着自主设计的方向转型。与之相适应的,以往依赖人力的、低效的设计、生产、管理教学内容和教学模式必须得以改变。纺织装备虚拟仿真实验教学资源可以帮助学生形象了解纺织机械的工作原理,掌握典型机构的设计方法,培养学生创新设计能力。

7.3.2 实验内容

纺织设备虚拟认知实验项目中包括剑杆织机、毛巾喷气织机、络筒机和双面大圆机等几款纺织设备,学生在纺机设备与工艺虚拟仿真实验中,可将在实际教学中不可能经常反复拆卸与安装的设备进行反复拆装。项目登录界面如图 7-8 所示。

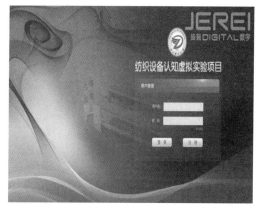

图 7-8 登录界面

7.3.3 实验原理

(1)电子清纱:当有疵点的纱经过检测头纱,切刀动作,切断纱线,清除纱疵。

(2)空气捻接器:上方纱线由下退捻孔喷气退捻,下方纱线被提升至上方,上下纱线经过退捻后,连接形成一根纱线。

(3)浮线:选针器有上下两排选针刀,通过两排刀给出不同的选针信号,得出三种不同织物。当给出信号至第一把选针刀时,选针刀将提花片推入,提花片将顶部的挺针片从三角片推出,挺针片不随轨道行走,挺针片顶部织针不工作,形成浮线。

(4)集圈:当第一把选针刀不给出信号,挺针片随轨道行走,顶部织针工作;到第二把选针刀时,此时给出选针信号,选针刀将提花片推入,挺针片不随轨道行走,顶部织针不工作形成集圈。

（5）成圈：当第二把选针刀不给信号时，挺针片随轨道行走，顶部织针工作，形成成圈。

7.3.4　实验网址与软件运行环境

1. 实验网址

打开浏览器输入网址 http：//10.11.55.145：8080/download，下载客户端压缩文件并解压，双击.exe 文件运行程序。

在登录界面点击【注册账号】按钮，进入账号注册界面，输入账号信息并点击【立即注册】按钮进行账号注册。（注册账号需要后台审核，未审核账号无法登录）。

2. 软件运行环境

操作系统：Windows XP/7/8。

CPU：Intel 双核@ 2.40 GHz 或以上（CPU 主频越高越好，运行越流畅）。

内存：1 GB 以上（内存越大，运行越流畅）。

显卡：显存 256 MB 以上（由于仿真软件画质较高，因此需要显卡性能较好才能有最佳的运行效果，显卡配置较低会导致运行较为卡顿）。

7.3.5　实验过程

1. 纺织装备认知实验

登录成功后，点击"纺织设备认知虚拟实验"，实验面板移动到界面中心位置后再次点击"纺织设备认知虚拟实验"，进入设备选择界面，如图 7-9 所示。

图 7-9　设备选择界面

点击【设备】按钮,进入对应设备的学习界面(见图 7-10),学习内容包括理论认知、结构展示和原理介绍。

图 7-10　设备学习界面

点击【理论认知】按钮,进入该设备的理论认知界面(见图 7-11),点击"视频"或者"文档"下的文件(文件通过后台上传到服务器),可下载到本地进行查看学习。

图 7-11　理论认知界面

点击【结构展示】按钮,进入该设备的结构展示界面(见图 7-12),可查看各结构在整个设备的位置及各个部件的详细结构。点击右上角帮助按钮(图标为问号),可显示系统操作帮助信息（见图 7-13）。

图 7-12　结构展示界面

图 7-13　帮助界面

点击【原理介绍】按钮，进入该设备的原理介绍界面（见图 7-14），点击每个原理介绍项目可播放对应的三维动画视频，同时可通过播放按钮、暂停按钮和进度条控制视频播放。

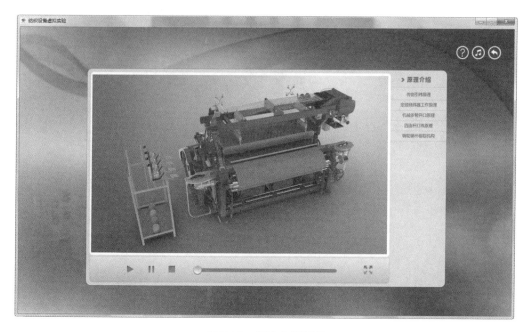

图 7-14 原理介绍界面

2. 纺织机械装配虚拟仿真实验

登录成功后,点击"纺织机械装配虚拟实验",实验面板移动到界面中心位置后再次点击"纺织机械装配虚拟实验",进入设备选择界面,如图 7-15、图 7-16 所示。

图 7-15 设备选择界面(一)

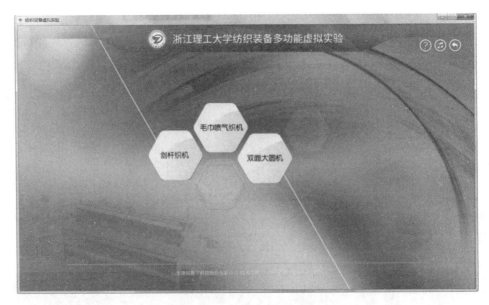

图 7-16　设备选择界面(二)

选择设备后,进行功能选择,功能分为拆卸学习、拆卸考核、组装学习和组装考核,如图 7-17、图 7-18 所示。

图 7-17　功能选择界面(一)

1)拆卸学习

根据提示,对设备进行拆卸练习。点击操作步骤列表里的步骤(见图 7-19),可选择指定的步骤进行练习。

图 7-18 功能选择界面(二)

图 7-19 拆卸练习

　　根据提示,选择正确的拆卸工具点击正确的部件(闪亮的物体)进行拆卸练习(见图7-20)。点击上一步按钮(图标为箭头)可返回到上一步重新拆卸,点击右上角帮助按钮(图标为问号),可显示系统操作帮助信息(见图 7-21)。

图 7-20　拆卸练习过程(一)

图 7-21　拆卸练习过程(二)

2) 组装学习

　　根据提示,对设备进行组装练习。点击操作步骤列表里的步骤(见图 7-22),可选择指定的步骤进行练习。

图 7-22　组装练习

　　根据提示,选择正确的组装工具点击正确的部件(闪亮的物体)进行组装练习(见图7-23)。点击上一步按钮(图标为箭头)可返回到上一步重新组装,点击右上角帮助按钮(图标为问号),可显示系统操作帮助信息(见图 7-24)。

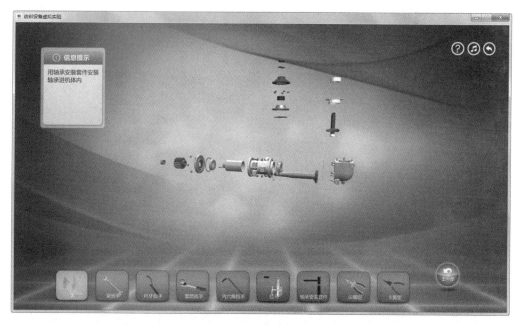

图 7-23　组装练习过程(一)

图 7-24   组装练习过程(二)

7.3.6   实验要求及考核方式

1. 拆卸考核

主要是考核对该设备的拆卸,根据提示信息,选择正确的工具进行拆卸,在不知道拆卸哪个部件的情况下,可点击【跳过】按钮跳过该步骤,如图 7-25 所示。

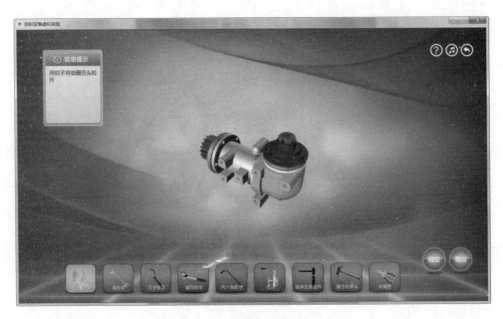

图 7-25   拆卸考核过程

　　点击【提交】按钮，可以对考核成绩进行提交（见图 7-26），点击【错误详情】按钮，可以查看拆卸错误的详情（见图 7-27）。点击右上角帮助按钮（图标为问号），可显示系统操作帮助信息。

图 7-26　拆卸考试成绩提交

图 7-27　查看拆卸错误详情

2. 组装考核

主要是考核对该设备的组装,根据提示信息,选择正确的工具进行组装,在不知道组装哪个部件的情况下,可点击【跳过】按钮跳过该步骤,如图 7-28 所示。

图 7-28　组装考核过程

点击【提交】按钮,可以对考核成绩进行提交(见图 7-29),点击【错误详情】按钮,可以查看组装错误的详情(见图 7-30)。点击右上角帮助按钮(图标为问号),可显示系统操作帮助信息。

图 7-29　组装考核成绩提交

图 7-30　查看组装错误详情

7.4　加工中心机械装调虚拟实验

7.4.1　实验目的

通过"理、虚、实"一体化的教学方式,提高学生对虚拟加工中心机械装调的认知水平;使学生牢记虚拟加工中心机械装调的复杂步骤,从而保证操作正确、规范,大幅度提高实验的正确性和效率,弥补实验在教学资源、设备和流程方面的不足。

7.4.2　实验内容

实验内容包括安全教育、主轴装调注意事项、主轴装调的演示、主轴装调练习、主轴装调考核等。

7.4.3　实验原理

加工中心机械装调虚拟实验涵盖了整个机械工程教学中的多门课程实践要求,对学生学习专业基础和专业课程起到承前启后的作用。该实验对应的知识点如下:

(1)金属切削机床认知,了解数控基础的组成及原理。数控机床的机械系统,除机床基础件以外,包括主轴部件、进给系统、回转定位装置和附件、辅助功能装置、刀库和自动换刀装置等。

（2）机械设计中轴系结构及轴承组合应用。轴的结构主要取决于多方面因素，包括轴在机器中的安装位置及形式，轴上安装的零件类型、尺寸、数量，载荷的性质、大小、方向及分布情况，轴的加工工艺等。通过对虚拟加工中心主轴的拆卸，可以直观地了解工程中轴的结构设计及轴上零件的装配方案。同时，在主轴拆装过程中可以体会滚动轴承组合配置的要领。

（3）在装调中体会公差互换性与技术测量的知识。公差配合与技术测量课程是机械类专业的一门专业基础课，是根据机械类各工种从业人员在从事本工种时所必须具备的基本能力要求而设置的课程，是结合典型工作任务基于工作过程的"理实一体化"课程。在虚拟装调的过程中了解几种量具的使用目的与作用，以及机床的装配精度的保证方法，对以后的公差与技术测量课程的学习有一个直观理解与体会。

7.4.4　实验网址与软件运行环境

1. 实验网址

点击网址 http://www.ilab-x.com/details? id＝295&isView＝true 进入首页后，点击"我要做实验"，自动跳转到 https://www.walkclass.com/openApi/ilab/vr/1 云平台；下载客户端软件，启动后进入实验。

2. 软件运行环境

操作系统：Windows XP/7/8。

CPU：Intel 双核@ 2.40 GHz 或以上（CPU 主频越高越好，运行越流畅）。

内存：1 GB 以上（内存越大，运行越流畅）。

显卡：显存 256 MB 以上（由于仿真软件画质较高，因此需要显卡性能较好才能有最佳的运行效果，显卡配置较低会导致运行较为卡顿）。

7.4.5　实验过程

1. 主轴拆卸与装调

1）主轴的解体

将主轴翻转平放于工作台上，分解各个部件，如图 7-31 所示。

2）主轴安装前准备

（1）用无水乙醇清洗零件；

（2）用擦拭纸擦拭干净，放好晾干；

（3）用注射器给每个轴承加入长效润滑脂，保证每个滚动体得到润滑；

（4）检查前密封套的精度；

（5）检查后密封套的精度；

（6）检查内隔套与外隔套等高；

（7）检查隔套的精度；

图 7-31　主轴拆卸

（8）检查内隔套的精度；

（9）检查外隔套的精度。

3）主轴的安装

（1）装配前密封套并检测其精度；

（2）前轴承按顺序进行装配前加热；

（3）装配内隔套并检验其精度；

（4）旋转调整外隔套与主轴同心；

（5）调整顶丝，检验其回转跳动；

（6）后轴承按顺序进行装配前加热；

（7）装配后密封圈；

（8）装配轴套与后法兰；

（9）检查外隔套的精度；

（10）测量角向轴承外环端面距离套筒端面的尺寸；

（11）装入密封圈；

（12）安装前法兰；

（13）检验锥孔跳动。

2. 部件的装配与检测

（1）底座和轴承座检测；

（2）底座十字滑台电机座与轴承座安装；

（3）主轴箱分装；

（4）立柱与丝杠安装；

（5）底座丝杠安装与检测；

（6）工作台安装与检测；

（7）立柱安装与检测；

（8）刀库安装；

（9）镶条装配；

（10）主轴电机安装；

（11）防护安装；

（12）剩余工作部件安装。

3. 整机检测

（1）复查工作台面的平面度；

（2）复查 Z 轴轴线运动和 X 轴轴线运动间的垂直度；

（3）复查 Z 轴轴线运动和 Y 轴轴线运动间的垂直度；

（4）转动主轴，复查主轴轴线和 Z 轴轴线运动间的平行度；

（5）使用检具检查主轴轴线和 Z 轴轴线运动间的平行度；

（6）检查主轴轴线和 Y 轴轴线运动间的垂直度；

（7）刀库跑车 16 小时（刀库运转正常、平稳，不发生故障，否则必须重新进行运转）；

（8）主轴温升及噪声监测；

（9）40 小时全能跑车后使用激光检测。

7.4.6 实验要求及考核方式

1. 实验要求

能够掌握加工中心主轴、部件与整机的装调与检测，能完成实验的基本步骤，准确记录实验数据，实验数据处理过程正确，能够用实验的基本理论与数据对实验结论加以说明。

2. 考核方式

考核方式：云平台打开后，切换到考试功能时，系统会弹出输入窗口要求用户输入姓名和学号。在输入完信息后，则进入考试界面。根据用户的当前操作对其进行打分。

1）主轴拆卸与装调（每项 10 分，共 330 分）

（1）用扳手拧出 2 只固定端面键（740）的 M6×16 螺栓；

（2）用扳手对角拧出 6 只固定法兰盘（712）的 M6×30 螺栓；

（3）用顶丝顶出压紧套（713）；

（4）取下圆弧齿皮带轮（705）；

（5）用力扳手拧松背帽后用手将背帽拧出；

（6）取下后法兰（711）；

（7）用手拧紧背帽（YSF M60×2-4H）；

（8）用扳手对角拧出 6 只固定前法兰（710）的 M6×20 螺钉；

（9）取下前法兰（710）；

（10）用手轻拍或者用软橡胶锤轻敲轴套（702）；

（11）分别取出两个后轴承；

（12）取出隔套（722）；

（13）取出前轴承；

（14）取出内隔套和外隔套（720、721）；

（15）取出剩下的两个前轴承；

（16）取出前密封套（723）；

(17) 用擦拭纸擦拭干净,放好晾干(严禁使用空压机风管吹轴承);

(18) 使用注射器;

(19) 轴承移出水面甩水;

(20) 安装前密封套;

(21) 使用百分表;

(22) 使用吹风机;

(23) 安装前轴承;

(24) 使用百分表;

(25) 安装内隔套;

(26) 用吹风机将轴承内环加热到 60℃进行装配;

(27) 安装隔套;

(28) 用力矩扳手拧紧前轴承螺母;

(29) 装配后密封圈;

(30) 装配轴套(702)之前先将其上的顶丝灌胶拧紧;

(31) 装配后法兰(711),用 M6×25 螺栓固定;

(32) 装配后轴承螺母(M60×2),用力矩扳手拧紧;

(33) 将磁力表座吸附在轴套上,表头接触主轴(ϕ01),测量角向轴承外环端面至套筒端面的距离尺寸 K。

2) 部件的装配与检测(每项 10 分,共 400 分)

(1) 底座就位清理导轨;

(2) 使用水平仪;

(3) 使用百分表;

(4) 清理打磨过的接触面;

(5) 对角拧入 4 只螺栓;

(6) 分别装入检测棒;

(7) 用铜棒敲击检测棒使其固定紧密;

(8) 检测电机座与轴承座等高,允许误差不超过 0.01 mm;

(9) 砸紧定位销;

(10) 安装十字滑台;

(11) 安装十字滑台电机座;

(12) 清理、打磨主轴与主轴箱的接触面并涂抹润滑油;

(13) 将主轴装入主轴箱,对角拧紧 6 只螺栓;

(14) 安装镶条托板;

(15) 安装检查棒;

(16) 使用专用检具;

(17) 使用水平仪;

(18) 安装检测方法与底座电机座和轴承座安装检测方法相同;

(19) 检测完等高之后取下带有检具的电机座,装入主轴箱;

(20) 检测同轴;

(21) 安装底座丝杠;

（22）其余丝杠安装方法与底座丝杠安装方法相同；

（23）安装工作台；

（24）安装工作台丝杠，方法与安装十字滑台相同；

（25）放置水平仪，人工推动工作台；

（26）使用百分表；

（27）使用专用检验块；

（28）吊运立柱平稳安装到底座上，保证两导轨平行并拧紧螺栓；

（29）使用水平仪；

（30）使用百分表；

（31）使用专用检具；

（32）刀库安装（斗笠式）；

（33）刮研后要求每 25 cm² 有 8 个接触点；

（34）安装主轴电机 1；

（35）安装主轴电机 2；

（36）安装十字滑台电机；

（37）安装工作台电机；

（38）安装指示灯；

（39）安装履带；

（40）安装冷却水管。

3）整机检测（每项 10 分，共 30 分）

（1）使用水平仪；

（2）使用百分表；

（3）使用专用检具。

以上总分为 760 分，输出最终成绩时会将总分按比例折算为 100 分。

参 考 文 献

[1] 冯鉴,何俊,范志勇. 机械认知实践教程[M]. 成都:西南交通大学出版社,2009.

[2] 何雄奎,刘亚佳. 农业机械化[M]. 北京:化学工业出版社,2006.

[3] 竺志超. 工程素质认知教程[M]. 武汉:华中科技大学出版社,2010.

[4] 张国全,徐伟民. 包装机械设计[M]. 北京:印刷工业出版社,2013.

[5] 赵国富,赵阳. 自动变速器结构原理与维修[M]. 2版. 北京:机械工业出版社,2015.

[6] 张锋. 机械基础实验[M]. 哈尔滨:哈尔滨工业大学出版社,2017.

[7] 竺志超. 机械设计基础实验教程[M]. 北京:科学出版社,2012.

[8] 高为国,朱理. 机械基础实验[M]. 武汉:华中科技大学出版社,2006.

[9] 钱向勇. 机械原理与机械设计实验指导书[M]. 杭州:浙江大学出版社,2005.

[10] 王建,张宏,徐洪亮. PLC操作实训(松下)[M]. 北京:机械工业出版社,2007.

[11] 刘守操,等. 可编程序控制器技术与应用[M]. 北京:机械工业出版社,2006.

[12] 姜治臻,周雪莉. PLC项目实训[M]. 北京:高等教育出版社,2009.

[13] 李德永. 变频器技术及应用[M]. 北京:高等教育出版社,2007.

[14] 高安邦,等. 西门子S7-200/300/400系列PLC自学手册[M]. 北京:中国电力出版社,2012.

[15] 王先逵. 机械制造工艺学[M]. 3版. 北京:机械工业出版社,2015.

[16] 魏华胜. 铸造工程基础[M]. 北京:机械工业出版社,2016.

[17] 田光辉,林红旗. 模具设计与制造[M]. 2版. 北京:北京大学出版社,2015.